宁波市文化研究工程 · 特色文化研究

宁式糕点文化

NINGSHI GAODIAN WENHUA

冯盈之 著

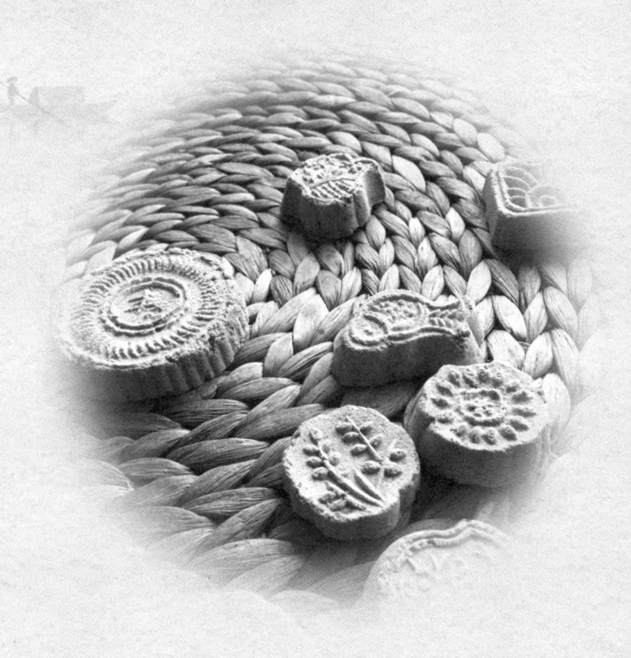

ZHEJIANG UNIVERSITY PRESS
浙江大学出版社

图书在版编目（CIP）数据

宁式糕点文化 / 冯盈之著. — 杭州 ： 浙江大学出版社，2020.6

ISBN 978-7-308-20092-9

Ⅰ. ①宁… Ⅱ. ①冯… Ⅲ. ① 糕点—饮食—文化研究—宁波 Ⅳ. ①TS213.23

中国版本图书馆CIP数据核字（2020）第043569号

宁式糕点文化

冯盈之 著

责任编辑 樊晓燕
责任校对 杨利军 张睿
装帧设计 杭州林智广告有限公司
出版发行 浙江大学出版社
(杭州市天目山路148号 邮政编码 310007)
(网址：http：//www.zjupress.com)
排　　版 杭州林智广告有限公司
印　　刷 浙江省邮电印刷股份有限公司
开　　本 710mm×1000mm 1/16
印　　张 14.5
字　　数 223千字
版 印 次 2020年6月第1版 2020年6月第1次印刷
书　　号 ISBN 978-7-308-20092-9
定　　价 69.00元

印糕记忆——我的怀念

宁波人说孩子长得像父母，会用这样一个比喻：像印糕版印出来一样。

印糕，是宁波的传统糕点，是宁式糕点的代表品种之一。

阿爹回忆起他的小时候时，常常说到一件事：奶奶对他这个读书小人特别优待，早早做了印糕，放在床后的一只甏里。每次一放学，他就直奔奶奶房间，打开甏盖就捞印糕。

嬷嬷（大姑）也说起过印糕。嬷嬷是家里的老大，她小时候，家境是不错的。她吃印糕的时候，常常先要检验一下：从“果桶”里拿了印糕，站在椅子上，手举印糕，然后让印糕从高处自由落体，掉到地板上，如果有几块不碎，就说明那几块糖够多，够甜！

我小时候，也看到过奶奶做印糕。记忆中，家中有两块长长的印糕版，上面有各种纹样。只记得奶奶拿小木棒敲一敲印糕版，敲下的糕坯，排放在铁筛上，然后拿到灰缸上烘。烘完后，我就可以挑自己喜欢的图案了。记得我经常先挑“鱼”形的。拿到的印糕是舍不得一口气吃完的，只放在嘴里一点一点啃——基本上是用牙齿把印糕粉一点一点刨下来的样子，很香！

“五一”假期，根据朋友圈里的消息，跑到慈城王家坝，找印糕。

王家坝就是古句（音“勾”）章城遗址所在地。

句章城，为越王勾践所筑。相传，当年越王勾践爱儿，制成一种用米粉、糖拌和而成的条状糕，给儿子食用，所以这种糕，被称为“小王糕”，并世代相传。至今“赵大有”等老字号还在生产这种糕，它口味酥松香甜。

在糕点发展过程中，为成型方便，人们发明了“印糕版”，并且，把对生活的追求与向往寄托在千变万化的纹饰与形状中，尤其将美好的祈愿通过各种图形在印糕中表现出来，求得“花开富贵”“年年有余”，求得吉祥。

目前，句章故地王家坝一带有好几家制作传统印糕的，“张跃记”就是其中一家。主人家搜集了几十块印糕版，由此印制图案各异的印糕。张家的印糕，原料中除了炒米粉、糖还加了芝麻，咬一口，“嘎嘣”，很香！

这确实是儿时的味道！直教人回忆起儿时在奶奶身边的光景！

宁式糕点中以“糕”类居多，“糕”，谐音“高”，寄托着对孩子成长“年年高”的期望，对日子“年年高”的向往。

印糕，是宁波人的集体记忆。

冯盈之

2018 年 6 月 1 日

于浙江纺织服装职业技术学院文化研究院

宁波文化的宝库——河姆渡文化遗址中，不仅出土有稻谷，还发现了中国最早的蒸锅。那是宁波地方悠久的饮食文明写照。

民以食为天。食文化，是传统文化的一个重要组成部分。传统糕点是饮食文化的重要组成部分，其制作技艺更是重要的非物质文化遗产（以下简称“非遗”）。到明代，“明州”改名“宁波”，宁波已是一个经济繁荣的商埠，出现了专门生产和经营糕点的工场和商店，宁波的糕点逐渐形成有独特风格的帮式。宁式糕点成为中国糕点的十二大帮式之一。宁式糕点作为我国传统特色地方食品的出色代表，具有深厚的文化历史底蕴，其生动形态与精神内涵积淀着宁波百姓的千年智慧和才情，是宁波地方的文化符号，不仅在地方居民饮食结构中具有重要地位，而且对于提升地方文化影响以及地方的旅游经济也有着重要的影响力。

文化是软实力。随着我国对文化建设的加强，政府对民间非物质文化遗产保护的力度被提到了新的高度，抢救性的非遗保护已非鲜见，而宁式糕点作为一种具有浓郁的地方特色和悠久历史的食品，其制作工艺以及所蕴含的历史价值、文化意蕴以及百姓情感对地方文化传播具有重要的意义。

所以，作为文化的一部分，宁式糕点应该被发扬光大。通过对宁式糕点特色以及文化意蕴等方面的研究，对宁式糕点的文化价值进行再认知，可以在此基础上提升其影响力，以此发展和传承地域文化。

宁波既是重要的旅游城市，又是大力建设中的“名港”“名城”。极具特色的宁式糕点不但是人们了解宁波历史文化的窗口，更是进行文化交流和传播的重要载体。对游客而言它具有重要的旅游纪念意义，对城市而言它既是旅游经济的重要增长点，同时也是进行城市形象宣传、树立甬城良好特色形象的便利载体。品尝各种特色的糕点，就是在品味宁波的地域文化。春风化雨润物无声，其意义和价值已经远远超过了糕点本身。

本书从中国糕点的渊源与历史入手，全面梳理了宁式糕点的历史与民俗，考察了宁式糕点发展的文化背景、宁式糕点的特色、文化意蕴以及传播与影响，并对宁式糕点的非遗传承做了分析归纳，最后提出了对策建议。

全书分为八章。第一章为中国糕点文化概述，简要梳理中国糕点的渊源与历史，对十二个主要“帮式”做了简介，并对宁式糕点做了简要论述。第二章梳理了宁式糕点发展的历史，论述了宁式糕点发展的文化背景。第三章搜集整理了有关宁式糕点的民俗文化以及民间故事、传说、民谚与谜语，同时整理了糕点的民俗现象。第四章介绍宁式糕点的种类与各式器具，选介了宁波传统名点与具有宁波各地地方风味的糕点，并介绍了宁式糕点的各类器具。第五章分析并归纳了宁式糕点的特色。第六章挖掘了宁式糕点的文化意蕴。第七章考察宁式糕点在国内外的传播与影响。第八章介绍宁式糕点非遗名录，提出了宁式糕点传承存在的问题与对策建议，采写了宁式糕点当前的创新案例。

本书旨在突出三个方面的特点：一是首创性。关于宁式糕点的研究，仅有极少的论文涉及，有关著作里也仅涉及小部分内容，尚无研究宁式糕点的专门著作，所以本著作是第一部对宁式糕点文化进行比较全面、系统考察的著作，旨在为“名港”“名城”文化软实力建设添砖加瓦。二是形象性。整部著作配以大量的图片，这些图片大部分是作者在调查过程中现场记录的原生态情景，形象地诠释了宁式糕点文化，为广大热爱宁波文化的读者提供了形象的资料。三是深刻性。本著作提出宁式糕点发展的文化背景在于宁波地区源远流长的稻作文化、厚实的茶文化背景、特色的节庆与好祀的风俗；挖掘了宁式糕点的文化意蕴，包括佛教文化意蕴、慈孝文化及和睦文化意蕴、养生文化意蕴；分析了宁式糕点的特色，并专门论述了宁波独特的年糕文化现象。

以“宁波汤团”“宁波年糕”为代表的“宁式糕点”是宁波城市的文化符号之一，希望本书也能成为宁波城市文化大观园中一朵芳香的鲜花！

冯盈之

2018 年 9 月

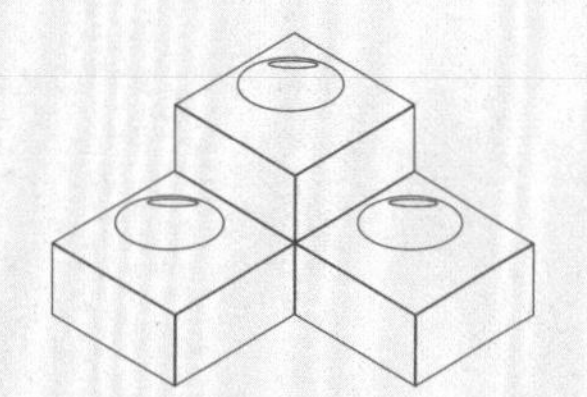

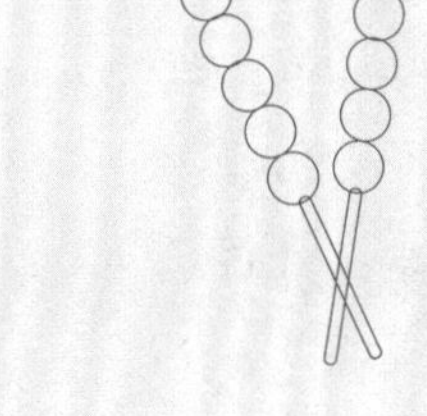

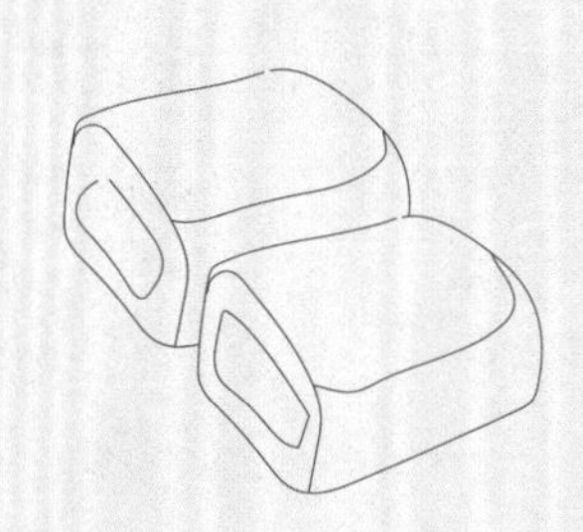

第四章　宁式糕点的种类与常用器具

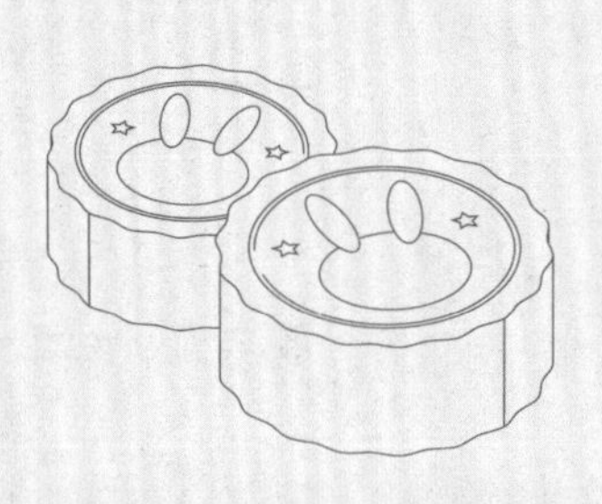

第五章　宁式糕点的特色

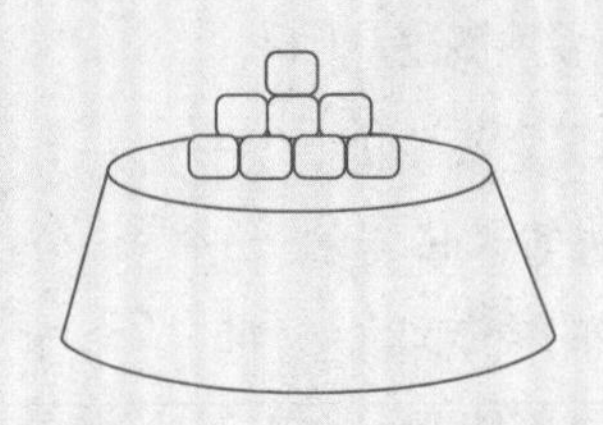

第六章　宁式糕点的文化意蕴

第一章 中国糕点文化概述

从字面上观察，“糕”字最初是指“米”类制品，所以汉语词典解释“糕”即“用米粉或面粉掺和其他材料蒸制或烘烤而成的食品”；而“点”，是细小物体的意思，在此就是“点心”的意思。

关于“糕点”的含义，至今无统一的定义。对此基本上有两种解释：一种认为，“糕点”就是糕和点心的总称；还有一种则解释说，“糕点”即糕团类点心。

在本书中“糕点”的含义取后一种，即糕团类点心。同时，考虑宁波民众长期的约定俗成，将酒酿圆子等名点心也纳入本书的研究范围，一并作为“宁式糕点”的研究对象。

第一节 渊源与历史

一、糕点的起源

至晚在商、周时期，我们祖先已经学会制作“糕点”了。①这可以从糕点原料、糕点制作用具和糕点史料的记载三个方面的分析来看。

1. 从糕点原料分析

据考古发掘资料得知，在新石器时代，即距今约4000～7000年前，我国黄河流域、江南各地已经有了相当发达的原始农业和畜牧业，当时所种植的粮食作物有黍、稷、稻、大豆和麦，所驯养的动物有猪、狗、牛、羊，马、鸡，所栽种的蔬果有甜瓜、葫芦、枣、菱、芥菜、藕。上述食物原料当时是否已经用于制作糕点，至今尚不清楚，但至少可以说明，如果我们的祖先想要制作糕点，那时已经有了主要原料（粮食）、油料（动物油）、蔬果原料（瓜果）等。到了夏、商、周时期，可以用来做糕点的各种原料就更加丰富了。

① 吴孟，王承言，孙继英.中国糕点[M].北京：中国商业出版社，1989：4.

2. 从糕点制作用具分析

由于糕点是一种典型的用粮食、果品和其他辅料经深加工而成的食品，所以没有粮食加工用具，糕点就不可能问世。

■ 河姆渡遗址出土的用于蒸煮的陶器（下为陶灶、上为陶盆、中为陶釜）

从最起码的条件看，制作糕点的用具至少应该包括粮食加工用具，如杵臼和石磨之类的设备。杵臼是一种谷物脱壳、粉碎用具。在古籍《易·系辞》中也有“断木为杵，掘地为臼”的话。据考古发掘资料得知，我国在今山东日照市的两城镇遗址中曾发现了新石器时代的石杵。石磨是一种谷物粉碎用具。据考古发掘资料得知，我国在河南裴李岗遗址中曾发现了新石器时期的石磨盘和石磨杖。

另外，制作糕点还需要有熟化用具。在我国，糕点的熟化用具起源很早。在陶器时代就已经发明了陶制蒸、煮、烤烙设备了。据1976年出版的《文物》记载，我国在浙江余姚河姆渡遗址中曾发现了蒸锅、蒸笼、笼盖，它们都是形状精美的陶器。在其他新石器时代遗址中也有类似的发现。这说明我们的祖先在距今约7000年前已经会使用蒸具了。

3. 从糕点史上最早的文字记载分析

甲骨文里迄今没有发现有糕点的记载。

到了商、周时期，《诗·大雅·公刘》中有一段诗写道：“笃公刘，匪居匪康。乃埸乃疆，乃积乃仓；乃裹糇粮，于橐于囊。思辑用光，弓矢斯张；干戈戚扬，爰方启行。”诗中的“糇粮”，据文字学家们考证，是一种便于携带、可以较长时间存放的“干粮”。如果将其与“糕点”的性质做比较分析，则诗中的“糇粮”应当就是“糕点”的雏形。这是我国糕点史上已有“糕点”的最早文字记载。《诗·公刘》是西周时代的作品，所以“糇粮”作为我国糕点的雏形，至今已有4000多年的历史了。

二、糕点的发展历史

根据历代文献记载，我国的糕点生产经历了以下过程：先秦时期，限于原料（主要是甜味料）的生产水平，糕点还处在起步的阶段；西汉到南北朝时期，农业生产发展了，特别是蔗糖已传入我国，我国南方一些地区也逐步能生产蔗糖，因而糕点生产水平向前迈进了一大步；到隋唐、宋元时代，蔗糖生产更大规模发展，促进糕点生产的发展；迄至明清，糕点生产有了更大的发展。

1. 先秦时期

先秦时期限于原料（主要是甜味料）的生产水平，糕点还处在“糗饵粉粢”和“蜜饵”的阶段。

在《周礼》中，有“糗饵粉粢”的记述。据考证，“饵”是用稻米粉、黍米粉“合蒸”而成的，类似后来的糕。而《楚辞·招魂》中写到了“蜜饵”。有专家认为，这实际为一种蜜糕，属楚地名食。

2. 汉魏南北朝时期

到汉魏南北朝时期，农业生产发展了，特别是蔗糖已传入我国，我国南方一些地区也逐步能生产蔗糖，因而糕点生产水平向前迈进了一大步。

张衡的《七辩》有“沙饧石蜜，远国贡储”之句，《三国志·孙亮传》也提到“交州献甘蔗饧”。[①]

北魏《齐民要术》引《异物志》说：“交趾所产甘蔗特醇好……迮取汁如饴饧；名之曰糖……又煎而曝之，既凝而冰。”由此证明从后汉到南北朝，在今之广东、广西一带已经知道用蔗汁晒干而得半固体或固体的蔗糖。由于蔗糖的出现，糕点的生产工艺和制品结构发展到新的阶段。

同时，我国在秦、西汉初已经出现了先进的“两扇圆形石磨”。例如，据考古报道，我国曾经先后在陕西秦都、辽宁辽阳、江苏凤凰河、河北满城、安徽亳州等地发现了各种形制不同的两扇石磨。自从有了两扇石磨之后，汉代的糕点生产得到了迅速的发展。

汉代的胡饼（芝麻饼）、三国时期的油酥制品、南北朝的炉烧饼均闻名于

① 史念海.中古时代·隋唐时期：上册[M]. 2版. 上海：上海人民出版社，2013：538.

世，有文献记载。例如“西汉·史游《急就篇》中有：‘饼饵麦饭丹豆羹’；扬雄《方言》中有：‘饼谓之糕，或谓之粢，或谓之饦，或谓之馣’；又如东汉，刘熙《释名》中有胡饼、髓饼、蒸饼、金饼；许慎《说文解字》中有：‘粔籹，膏环也；粽，芦叶裹米也；饼，面餈也；餱，干食也；糕，饵属’；又《后汉书》记载：‘灵帝好食胡饼，京师（今河南洛阳）皆食胡饼’，……”[①]

“糕”这个字最早见于汉代，汉代扬雄的《方言》一书中有“糕”的称谓。汉代，人们都在九月九日“重阳节”吃糕，取吉祥如意之意，因为“高”与“糕”同音，重阳节时登高又吃糕，寓意百事皆高。

南北朝时还有“馅渝法”的记载，论及了糕点的制作工艺。

汉朝时点心的品种大增，从西域流传过来的“胡饼”开创了中国和外国点心交流的先河。北魏时期贾思勰的《齐民要术》是中国第一本烹饪书，其中记录了饼、粽子等的制作方法。同时，点心开始与民俗结合，“春饼”“粽子”“汤饼”“重阳糕”等成为中国最早的节日点心。

3. 唐、宋时代

到唐、宋时代，蔗糖生产有了更大规模的发展。磨面业的产生为面点的发展提供了充足的原料。商业的飞速发展也促进了饮食业的繁荣，大城市里大量出现了各类点心店。人们还发明了饺子、包子。

在唐代，“茶食”“点心”等糕点名称，在食谱中屡见不鲜。相传著名的苏式月饼就始于唐朝。当时还有唐明皇梦游月宫后以月饼遥祭月宫的传说。宋代时，面条、饺子、馄饨、馒头、包子、糕、团、粽子、米线、花色点心成为常见的食物，并且发展了许多新品种。到了宋代，“《武林旧事》所记南宋临安市场上的糕品则有糖糕、蜜糕、枣糕、栗糕、麦糕、花糕、糍糕、豆糕、蜂糖、乳糕、重阳糕等十九种”[②]。

点心的流派也已出现，有北方派、南方派、四川派等。北宋大文学家苏轼在《留别廉守》中有赞美糕饼的诗句：“小饼如嚼月，中有酥与饴。”说明宋代糕点已能制酥。

4. 元代

在元代，少数民族点心发展较快，并且与汉族点心广泛交流，从而产生

① 吴孟，王承言，孙继英.中国糕点[M].北京：中国商业出版社，1989：6.
② 邱庞同.知味难：中国饮食之源[M].青岛：青岛出版社，2015：239.

了很多新品种。元代在无名氏的《居家必用事类全集》中出现了“从食”一词，指饼类小食。同时该书卷十二庚的“饮食类”详细记述了湿面食品14种、干面食品12种、从食品12种、煎酥乳酪品5种、造诸粉品（粉制食品）3种。由此可见，吃点心的习惯在当时已十分普及。

随着中外交流，中国的面条传至欧洲，馒头传至日本，包子传至朝鲜。

5. 明清时期

迄至明清，糕点生产有了更大的发展。此时，烹饪技术有了很大的发展，这时的点心制作已更加完美。明代时，点心的原料变多了，除了面粉、米粉外，还有山芋粉、玉米粉；用的油除了动物油、奶酥油外，还用麻油、菜籽油、豆油、杏仁油、松仁油。春节吃年糕、饺子，中秋吃月饼的习俗在这时已形成。明代还有以“光饼”作军中干粮的记录，可见其生产规模已是相当大了。

到了清代，糕点加工作坊已遍及全国城乡。糕点制作工艺已发展到空前的水平。清人顾仲在《养小录》中记载：“饵之属”（粉食类）16种，“果之属”（果实类）24种，“粥之属”（粥类）24 种，“粉之属”（用粉加工的食品）2种。曾任余姚县令的李石亭，在《醒园录》中记述了清代特有的点心。书中介绍的点心以江南风味为主，如绿豆糕、茯苓糕等。汪日桢在《湖雅》中列举了约20种点心。慈溪籍美食家袁枚的《随园食单》记有10多种点心，包括水粉汤圆、百果糕、栗糕、软香糕、雪花糕、青糕青团、沙糕、麻团等。

中国点心的主要类别至此形成，也产生了主要风味流派，北京、山东、山西、陕西、扬州、苏州、宁波、广州、四川等地的点心在品种、制法、风味上有鲜明的地方特色。在这一时期，西方的面包、布丁、蛋糕传入中国。

第二节　主要“帮式”简介

一、帮式及分类

中式糕点帮式，是指“因原辅料、配方、制作工艺不同而形成的具有地方特色和地方风味的糕点流派”①。

关于帮式分类，目前主要有两种提法。一种是以陈光新主编的《中国餐饮服务大典》为代表提出的“八大帮式”分类，其认为“主要包括京式糕点、苏式糕点、广式糕点、川式糕点、闽式糕点、扬式糕点、宁绍式糕点和高桥式糕点等八大帮式”②。这是20世纪90年代的提法。另一种是2009年由全国工商联烘焙业公会组织编写的《中华烘焙食品大辞典》提出的帮式分类。其根据糕点地方特色的发展情况，把地方风味体系分为“十二帮式”，即京式糕点、苏式糕点、广式糕点、扬式糕点、闽式糕点、潮式糕点、宁式糕点、绍式糕点、高桥式糕点、川式糕点以及滇式糕点和秦式糕点。在此，“宁式糕点”被列为“十二帮式”之一。

二、帮式简介③

中式糕点经过中国百姓的长期实践与积累，品种日渐丰富，并融入了许多文化内涵，由此形成了独具地方风味的各种帮式。

1. 京式糕点(Beijing pastry)

京式糕点起源于隋唐五代时期的华北农村，后受蒙古族“白食”、回民开斋节“节点”和“供奉神祇、祭祀宗庙、内廷殿试、外藩筵宴”的“满洲饽饽”的影响，融会江浙南果铺、保定与通州京果铺以及御膳点心之所长，历经辽、金、元、明、清五朝而孕育成型。

京式糕点的风味特色是：重糖，重油酥，清甜甘醇，外观精美；多用模具成型，按类配套包装，庄重，典雅，气派，民族情韵浓厚。

代表品种有宫饼、提浆月饼、自来红月饼、自来白月饼、京八件、鲜花藤萝饼、状元饼、萨其马、开口笑、蜜三刀等。

2. 苏式糕点(Suzhou pastry)

苏式糕点起源于苏州地区。至宋朝时苏式糕点作为一个独特帮式即已形成，目前已成为南点的代表。

---

① 全国工商联烘焙业公会.中华烘焙食品大辞典：产品及工艺分册[M].北京：中国轻工业出版社，2009：129.

② 陈光新.中国餐饮服务大典[M]. 青岛：青岛出版社，1999：552.

③ 本部分主要参考：全国工商联烘焙业公会.中华烘焙食品大辞典：产品及工艺分册[M].北京：中国轻工业出版社，2009；陈光新.中国餐饮服务大典[M]. 青岛：青岛出版社，1999.

苏式糕点主要特点是米制品较多，馅料多用果仁、猪板油丁，用桂花、玫瑰等天然物质调香，不使用合成香料和色素，具有糕柔糯、饼酥松、口味清甜等特点。饼皮层次清晰分明，口感酥松绵软，入口即化，口味重甜。品种上米、麦制品各半，糕饼并重保健疗效，滋补强身。

苏式糕点的代表品种有苏式月饼、猪油年糕、杏仁酥、巧果、芝麻酥糖、糖年糕、八珍糕等。

3. 广式糕点(Guangdong pastry)

广式糕点起源于唐，曾称“唐饼”。两宋时出现“茶食”，明代岭南“嫁女务以资妆糖果粉饵相高”，“妇女以各色米面造诸样果品，极为精巧，馈送亲朋，谓之送饤”。至清，已有行业的明确分工，还引进了西点。广式糕点现已影响广西、海南、香港、澳门、福建、台湾等地，不少产品还打进了北方市场。

广式糕点的主要特点是重糖、重油，馅料多用椰丝、莲蓉、榄仁，糖渍肥膘，口味香甜油润，甜中带咸，皮薄馅大，造型美观、精巧，中西结合。

广式糕点的名品有广式月饼、鸡仔饼、盲公饼、煎堆、烧鸡粒、和味酥、皮蛋酥、椰丝冰肉粒、香蕉糕等。

4. 扬式糕点(Yangzhou pastry)

扬式糕点以扬州和镇江地区为代表，已有2000余年的历史。入唐后，扬式糕点推出荷叶夹、鲥鱼卷、荸荠饼等数十种花色。鉴真和尚曾带胡饼、蒸饼、薄饼东渡日本。由宋至清，“淮扬细点”多作贡品敬献朝廷。

扬式糕点的突出特点是工艺精湛，制作精细，有“淮扬细点”的美名，造型小巧别致，别具一格，入口酥脆，馨香浓郁。

扬式糕点的代表品种有淮扬八件、黑麻椒盐月饼、重阳糕、蝴蝶酥、月宫饼等。

5. 闽式糕点(Fujian pastry)

闽式糕点起源于闽江流域和东南沿海一带，以福州地区为代表，历史悠久。闽式糕点始于汉初，当时出现了“切糕”和“礼饼”；唐宋之际，又盛行“灶糖”与“灶饼”。降及明清，推出“命名溯自戚南唐(戚继光)，创始原充将士粮”的“光饼”，声誉大振。现今，闽式糕点更为繁盛，影响到台湾、香港等地。

闽式糕点主要的风味特色是：选料重用当地特产的香菇、冬笋、肉松、桂圆、虾干、冬紫菜、浒苔、芝麻、糯米酱和老酒，地方风情浓郁，其肥美软糯，甜中带咸，口感不同于其他糕点。闽式糕点中的节令糕点和喜庆糕点名目繁多，深受侨胞的喜爱。

闽式糕点的名品有福建礼饼、桂圆月饼、果心饼、光饼、花纹糕、橘红糕、什锦肉糕、包袱酥等。

6. 潮式糕点(Chaozhou pastry)

潮式糕点是由广东潮州、汕头地区民间食品发展起来的，统称为“潮州茶食”。潮式糕点的特点是重糖、重油，馅料以豆沙、糖冬瓜、糖肥膘为主，葱香风味突出，香甜醇美。

潮式糕点的代表品种有老婆饼、春饼、冬瓜饼、潮州礼饼、潮州月饼、水晶饼等。

7. 宁式糕点(Ningbo pastry)

宁波在古代属越国，据《鄞县通志》记载，早在春秋战国时代此地已有用米粉生产的各种糕点。其中世代相传的“太子糕”(又称“小王糕”)，就是当时越王儿子爱吃的糕点，至今仍是儿童喜欢的佳品。到了明代，宁式糕点也逐渐形成独特的风格。特别是清代咸丰年间，宁式糕点的发展达到了全盛时期，形成我国东南地区有影响的糕点帮式。

宁式糕点以宁波地区的糕点为代表，主要特点是重糖、轻油，米制品占多数，特别是糕类多。辅料多用苔菜，滋味鲜美，制品颜色青绿，口味甜中带咸，咸里透鲜，突出海藻风味。宁式糕点的代表品种有苔菜月饼、苔菜千层酥、软糕、细糕、苔丝糕、味精香糕、水绿豆糕、椒盐桃片等。

8. 绍式糕点(Shaoxing pastry)

绍式糕点起源于清代中叶。绍式糕点在20世纪30年代处于鼎盛时期，产品曾远销东南亚。绍式糕点以米制品为主，辅料多用豆沙、蔗糖、糖渍板油，用天然桂花调香，不使用化学合成添加剂，椒盐风味突出。

绍式糕点的代表品种有绍兴香糕、吉饼、茯苓糕、百果糕、松仁糕、桂花香糕、水晶糕、八珍糕、桂花炒米糕、玉露霜、天花粉等。

9. 高桥式糕点(Gaoqiao pastry)

高桥式糕点起源于上海市浦东区高桥镇一带的农村，至今已有百余年的历史。高桥式糕点主要的风味特色是：米制品居多；广集京点、苏点、广点、川点、闽点、扬点、越点之所长，制作考究，有“海派饮食文化”的风格和浓郁的现代化大都会色彩；外形美观，包装科学；清香酥脆，油而不腻，香甜爽口，糯而不黏；配方比较注意营养调剂，符合当代的国际饮食潮流。

高桥式糕点的名品有松糕、猪油年糕、粉蒸蛋糕、一口酥、鲜肉月饼、高桥薄脆、细沙定胜糕、玫瑰印糕等。

10. 川式糕点（Sichuan pastry）

川式糕点始于战国时期，汉魏时已推出包馅造型的馒首，唐宋形成重糖重油的特色，明清时在门类、品种、规格、花式等方面走向完备。川式糕点影响到云、贵、藏等地。

川式糕点主要的风味特色是：重糖、重油，滋润滑口，松散易化；讲究本色、本味和本香，不用人工合成的色素、香料和甜味剂，观之赏心悦目，食后余味悠长；甜馅中适量加盐，油馅中适量添粉，有甜而适口、油而不腻的和谐口感。

川式糕点的代表品种有椒盐桃酥、鲜花活油饼、龙凤糕、烘糕、香油米花糖、合川桃片、白米酥、冬菜饼、玉带糕等。

11. 滇式糕点（Yunnan pastry）

滇式糕点以昆明地区的糕点为代表。其显著特点是重油、重糖，糖和油的用量都比其他帮式糕点要多。以云南特产宣威火腿、鸡枞入料，具有重油、重糖，油重而不腻，味甜而爽口等特点。

滇式糕点的代表品种有鸡枞白糖酥饼、云腿月饼、重油荞串饼、面筋萨其马等。

12. 秦式糕点（Shanxi pastry）

秦式糕点又称陕西糕点，以西安地区的糕点为代表，以小麦粉、糯米、红枣、糖板油丁等为原料，具有饼起皮飞酥、清香适口、糕黏甜味美、枣香浓郁等特点。

秦式糕点的代表品种有水晶饼、陕西甄糕等。

第三节　宁式糕点概述

宁式糕点指宁波地区生产的糕点。

宁式糕点历史悠久，品类众多，风格独特，影响广泛。

宁波在古代属越国。据《鄞县通志》记载，早在春秋战国时期此地已有用米粉生产的各种糕点。其中世代相传的“太子糕”（又称“小王糕”），就是当时越王的儿子爱吃的糕点，至今仍是儿童喜欢的佳品。

唐宋以后，糕点已成为宁波地区民间的常见食品，不仅逢年过节吃，还把糕点作为礼品馈赠亲友。

到了明代，公元1381年，宁波正式定名。此时宁波已是一个经济繁荣的商埠，出现了专门生产和经营糕点的工场和商店。宁式糕点也逐渐形成独特的风格。宁波的糕点逐渐形成有独特风格的帮式。

到了清代，商业日益发达，城市更加繁荣，宁波成了我国五大口岸之一，这更大大促进了糕点业的发展。特别是清代咸丰年间，宁式糕点的发展达到了全盛时期，宁式糕点不仅发展了自身的特点，还吸取外地的，主要是南京的糕点制作技术，形成了我国东南地区有影响的糕点帮式。

当时在宁波专门生产和经营糕点的有“大同”“同和”“方怡和”“董生阳”四大家。质量上竞长争高，各具特色。如“方怡和”的软糕，“大同”的细糕，“大有”的鸡蛋糕、水绿豆糕，“升阳泰”的苔丝糕、椒盐桃片、味精香糕等，都是流传至今的名特产品。

至20世纪30年代，宁波有南北茶食零售店约90家，其时，号称宁波南货业的六大门庄的是大同、大有、方怡和、董生阳、升阳泰、同和，一般都是前店后场，自产自销本店的特色食品。“到1947年，糖北茶食等炒货有商店315家，是宁波市场的大行业。”[①]

宁式糕点的制作技术可分为两个部分：一是“水作”部分，专做一些油包、福包、金团、荷叶卷、蜂糕、乌馒头之类蒸制品的技术；另一部分是专做饼、糕、糖、酥等属于油货、糕片、糖货、酥皮等类产品的技术。

宁式糕点品种繁多，仅糕类一种就有香糕、印糕、火炙糕、小王糕、雪

① 何守先.宁波市场大观[M].北京：中国展望出版社，1988：124.

1. 印糕（慈城张跃记产品，林旭飞摄）
2. 油包（林旭飞摄于南塘老街）
3. 蟹壳黄（宁波董生阳食品有限公司供图）
4. 连环细糕（宁波荣昌记食品厂产品，林旭飞摄）

片糕、松仁糕、橘红糕、八珍糕等数十种。

代表品种有苔菜月饼、苔菜千层酥、软糕、细糕、苔丝糕、味精香糕、水绿豆糕、椒盐桃片等。

宁式糕点主要特点是重糖、轻油。产品的季节性很强，地方风味特色较显著。宁波盛产稻米，因此，宁式糕点以米制品居多，特别是糕类多。辅料多用苔菜，滋味鲜美，制品颜色青绿，口味甜中带咸，咸里透鲜，突出海藻风味。苔菜月饼、苔生片、苔菜千层酥等，尤其受宁波人喜爱。制作苔菜风味糕点的也被称作“苔菜帮”。

宁式糕点中还有“三北”式（宁波三北地区）糕点，如三北麻酥糖、三北

1. 芝麻糕（慈溪鸣鹤刘氏糕点，林旭飞摄）
2. 香糕（宁波荣昌记食品厂产品，林旭飞摄）
3. 苔香粉麻片（宁波董生阳食品有限公司供图）
4. 绿豆糕（慈溪鸣鹤刘氏糕点，林旭飞摄）
5. 椒桃片（宁波草湖公司供图）

豆酥糖、三北绿豆糕、三北藕丝糖和玉荷酥等。“三北”作为宁式糕点的重要组成部分，多年来一直受人们青睐。

水磨年糕是宁式糕点的经典名品，是宁波7000年稻作文化的浓缩，是多彩的年节文化的反映，是百姓对“年年高”的期盼。

宁式糕点除本地外，在上海等地也畅销，并曾远销香港及南洋一带。

■ 宁波水磨年糕（宁波义茂食品有限公司供图）

中华人民共和国成立后，“在长沙举行的全国第一次名特糕点工艺交流会上，宁式糕点以它独特的风味和精湛的制作技巧赢得了赞赏”[①]。

至今，宁式糕点技艺已经成为非物质文化遗产，群众基础广泛，得到了很好的传承与创新。

① 屠树勋. 浙江名胜[M].北京：航空工业出版社，1993：28.

第二章　宁式糕点的发展历史与文化背景

第一节　宁式糕点的发展历史

一、宁式糕点发展概述

宁式糕点历史悠久，经历了从古代到当代的漫长岁月。其发展过程大致可以分为三个时期：古代，从萌芽到兴起；近、现代，从全盛到曲折发展；当代，继承并创新。

1. 古代，从萌芽到兴起

宁式糕点萌芽于春秋，兴起于唐宋时期，到了明清，逐渐形成自己的特色，并流播到各地。

（1）春秋至唐宋萌芽与兴起

宁式糕点，源远流长。“据《鄞县通志》记载，当时宁波一带就有用米、麦、豆粉、糖、芝麻等为原料，通过蒸、煎、炸、烘、煮等方法制作的各种糕点。相传‘小王糕’就是当年越王勾践给儿子常食的一种用米粉、糖制成的条状糕。”[①]

■ 小王糕（宁波荣昌记食品厂产品，林旭飞摄）

此糕世代相传，也被称为“太子糕”。

唐宋以后“小王糕”已逐渐成为民间普遍食用的副食品。

闻名中外的宁波汤团始于宋元时期，已有700多年历史。宋元时期对宁波汤团已有明确记载，称“浮圆子”。

南宋宰相周必大曾在诗作《元宵煮浮

① 食品科技杂志社.中国糕点集锦[M].北京：中国旅游出版社，1983：67.

圆子》中赞道：

今夕知何夕，团圆事事同。

汤官循旧味，灶婢诧新功。

星灿乌云里，珠浮浊水中。

岁时编杂咏，附此说家风。

标题中的“浮圆子”，指的就是汤圆。

“星灿乌云里，珠浮浊水中”句形象地描绘了洁白的圆子在沸腾的汤水里翻滚的情景，并用“今夕知何夕，团圆事事同”点明吃汤圆的寓意。

元代，宁波城区有南北货商号专营闽、桂、湖、广、鲁、豫等地所产糖、油、红黑枣、粉丝、花生仁、荔枝、桂圆、莲子、木耳、海产等。[①]

（2）明清形成特色

到了明代，宁波已是一个经济繁荣的商埠，同时宁式糕点也逐渐形成独特的风格，出现了专营作坊，品种日益丰富。

2. 近、现代，从全盛到曲折发展

（1）近代，全盛时期

宁波作为开埠较早的港口，是我国内外贸易集散枢纽。鸦片战争后，宁波陆续出现了一批面粉厂、榨油厂等近代工业。1842年，宁波被开辟为五口通商口岸之一，宁式糕团得以广为传播。在这之前，宁波的点心已基本形成完备的体系，分为糕团、面团、油饼馒头、粥点和西点五种门类，前四种均是宁波的传统点心。

1850年（清道光三十年）宁波有南号10余家、北号9家，自备帆船100余艘，主要经营批发业务。零售商店分专业经营闽广洋糖、南北果品（干）、四时茶食糕点、两洋海味（干）、重罗细面、蜜饯（罐头）、腌腊（香肠、火腿、咸肉、皮蛋）、水作（油包、荷叶卷）等。创办于道光年间的东门口董生阳南货茶食店、灵桥门大同南货店，咸丰年间开设的灵桥门大有南货茶食店、鼓楼前昇（升）阳泰南货铺，稍后设于方井头的方怡和南货店较著名。[②]

“清代咸丰年间，宁式糕点的发展达到了全盛时期，形成我国东南地区有

① 俞福海.宁波市志：中册[M].北京：中华书局，1995.

② 俞福海.宁波市志：中册[M].北京：中华书局，1995.

影响的糕点帮式。”[①]

“宁波糕点行的‘四大家’和‘八小家’始著称于清咸丰年间。所谓‘四大家’，即大同、同和、方怡和、董生阳。它们在糕点制作上相互竞争，突出名特花色，彼消此长。”[②]收藏家杨光宇藏有宁波“四大家”所用的印糕版数块。

《申报》曾从1877年至1879年连续三年报道宁波的年景，当中都提到了大同、董生阳、同和、方怡和四大家。直至1887年1月的报道中也有专门叙述。

1877年2月10日《申报》报道称：

买客如蜂屯蚁聚，烂其楹门，其中如大同、董生阳、同和、方怡和四家生意较他店更胜。每至三更尚不能落手，市面之繁盛亦可见矣。[③]

1878年1月28日《申报》报道称：

往年杂食店，如大同、方怡和、同和、董生阳等际此数日，买客如蜂屯蚁聚，日不暇给。[④]

1879年1月18日《申报》报道称：

日来甬江洋价稍长，每元可换一千一百文。食物除米以外，色色昂贵。幸天气连日晴明，故街道往来者愈形挨挤，或肩挑，或手携，无不采办年货。吃食店更觉忙碌，买客真如蜂屯蚁聚，烂其楹门。其中如方怡和、大同、董生阳、同和四家生意较别店更胜，每至三更尚不能落手。市面之繁盛，较之去年大相径庭也。[⑤]

1887年1月18日《申报》报道称：

宁波折息甚贵，而洋价每元仅换钱一千零二三十文，食物唯米稍昂，余皆烂贱如泥。经旬苦雨，至二十一日起晴曦大放，民皆便之，以故街道往来愈形挤拥，食货各店生意甚忙。其中以方怡和、大同、董生阳、同和四家为更胜，时至三更门尚未闭，市面之繁兴实由于年岁之丰盛也。[⑥]

---

① 全国工商联烘焙业公会.中华烘焙食品大辞典：产品及工艺分册[M]. 北京：中国轻工业出版社，2009：131.
② 杨光宇，中国传统印糕版[M]. 北京：人民美术出版社，2008：127.
③ 宁波市档案馆.《申报》宁波史料集一[M].宁波：宁波出版社，2013：129.
④ 宁波市档案馆.《申报》宁波史料集一[M].宁波：宁波出版社，2013：201.
⑤ 宁波市档案馆.《申报》宁波史料集一[M].宁波：宁波出版社，2013：319.
⑥ 宁波市档案馆.《申报》宁波史料集二[M].宁波：宁波出版社，2013：741.

“同行竞争，是宁式糕点质量不断提高的重要原因之一。”[①]当时，有“四大家”与“八小家”竞长争高，精品迭出，如玉露霜、天花粉、苔菜月饼、水蒸豆糕等。

清末民国时，宁波城区涌现出多家前设店、后设工场，具有相当规模和有自己品牌的南货店。

南货业本以出售南方产品，如黄白糖、桂圆和自制糕饼等为主，后来增售核桃、粉丝等北货，实际上变成了南北货。

到了民国时，更加专业的糕点店铺出现了，并按照产品特性分为四时、喜庆、常年三个系列。

20世纪30年代宁波糕点业已具有一定规模，每天吸引着大批慕名而来的中外顾客。

“宁波方怡和、董生阳、大同、大有是南货店的四大家，自制细糕细饼，讲究材料做工和保持宁式的传统，单以方怡和的香干，董生阳的高包，真是价廉物美，为大众化的点心，无论大街小弄、码头、船埠，到处可以见到小贩高喊兜售。”[②]

后来还有了“六大家”的说法。

当时流传这样一首民谣：“宁波南货六大家：大同、大有、董生阳，方怡和加升阳泰，还有江东怡泰祥。”大同、大有的双喜吉饼、苔菜月饼、酱油瓜子、水晶油包，董生阳的橘饼，方怡和的香干，升阳泰的苔生片、椒盐香糕，怡泰祥的蛋糕等都闻名遐迩。[③]

经营上，各有招数。有的把红（黑）枣、花生、桂圆、莲子四个品种合在一起作为结婚礼品出售，寓意“早生贵子”，将蛋糕、胡桃、红烛、长面四个品种合在一起作为祝寿礼品出售，称“糕桃烛面”，寓意长寿，以此迎合时尚，招徕顾客。董生阳高包、大有瓜子、方怡和香干、升阳泰苔生片皆负盛名。

1931年，城区有南北茶食零售店90余家。次年，有糕点铺79家，竞争激烈，特色各具，而且形成了很细的分工，有“茶食”作坊，有专门制作糕点、馒头品种的“水作”，有制作馅糖制品的“三北式”（镇海北、慈溪北、余姚

---

① 赵安华.宁式糕点小史[J].中国食品，1987(11)：42.

② 张行周.宁波风物述旧[M].台北：民生出版社，1972：23.

③ 周千军.月明故乡[M].宁波：宁波出版社，2006：267.

北），有以苔菜为主的"苔菜帮"。

同时，各相关行业均成立了"同业公会"，这标志着糕点业的发展与成熟。《宁波市工商业联合会志》（2005年编撰）中，有20世纪30年代"宁波商业同业公会一览表"，其中与糕点业相关的同业公会有："南货店业同业公会"成立于1931年4月，会员25家，会址在协忠庙；"茶食批发业同业公会"成立于1935年7月，会员60家，会址在太平巷；"磨坊业同业公会"成立于1931年6月，会员29家，会址在后塘街；"机器碾米业同业公会"成立于1933年7月，会员191家，会址在黄古林。①

20世纪40年代的茶食业同业公会理监事名册显示，大有、董生阳、升阳泰、方怡和仍是当时的骨干企业（见表2–1）。

表2–1　宁波市茶食业同业公会理监事名册（1949年7月造具）②

职别	姓名	年龄	籍贯	简历	服务处地址	备考
常务理事	朱元巽	四十七岁	鄞县	大有经理	药行街 45 号	
理事	郑澧	六十六	慈溪	董生阳经理	东大路 18 号	
理事	华芙卿	六十岁	鄞县	升阳泰经理	西大路 136 号	
理事	王赓金	五十三岁	鄞县	方怡和经理	大道路 19 号	
监事	李善德	—	鄞县	大有职员	药行街 45 号	

《鄞县通志》食货志编制的《城乡各区商店统计表》（依据1932年营业税征信录编制）"南货门市"一条记载："大有盈利五六千元，方怡和盈三千元，大同略有亏蚀，新大来、老大来、萃芳和仅敷开缴。新华帮福记、南昌、晋和、东昌等稍佳，余平平。"③（见表2–2）

表2–2　宁波城区宁式糕点名店（近现代）一览表

店名	名品	创办时间	地点
董生阳南货茶食店	橘饼	道光年间	东门口
大同南货店	细糕	道光年间	灵桥门
大有南货茶食店	大有香糕、大有蛋糕	1853 年（咸丰三年）	药行街
方怡和南货店	软糕	咸丰年间	方井头
升阳泰南货铺	苔生片、椒盐香糕	咸丰年间	鼓楼前
怡泰祥	蛋糕	1875 年	百丈路灵桥东首

① 宁波市档案馆档案资料，编号：T3.1.12–105。
② 宁波市档案馆档案资料，编号：268–1–8。
③ 宁波市档案馆档案资料，编号：T3.2.3–69。

续 表

店名	名品	创办时间	地点
宏昌源	月饼	1931 年	中马路（外滩）
缸鸭狗	猪油汤团	1931 年	开明街原有营巷口与英烈街之间

这个阶段的后半期，即抗战以来，由于连年战争，许多厂、店相继倒闭。“1938年，德和糖行、万有南货号、大有南货店九如里仓库被日军飞机炸毁。1941年4月宁波沦陷。糖北行、南货行或关闭或转行，或改零售门庄。抗战胜利后，渐恢复，1947年有糖北行161家、糖果炒货茶食店154家。1949年9月，国民党飞机炸毁糖行26家、海味行35家。至年底，剩糖北南货零售店206家。”[①]在宁波享有盛誉的方怡和也在中华人民共和国成立前夕毁于战火。

宁波城区以外的余姚、慈溪，尤其是“三北地区”（镇海北、慈溪北、余姚北）也是宁式糕点的主要产区。

余姚为宁式茶食糕点产区之一，四季茶食名闻遐迩。传统糕点有豆酥糖、蛋糕、绿豆糕、松仁糕、枣仁糕、橘红糕、椒盐香糕、果盒糕、百果糕、麻酥糕和香雪酥、玉带片、椒桃片、小云片、苔菜片、薄荷片等。清明节供应茯苓糕、水晶糕；端午节供应骆驼蹄；中秋节供应各色月饼等。城区著名茶食商号有复懋、穗芳、瑞丰等。[②]

三北糕点到了明清以后，逐渐具有自己的风味。在师桥有“沈永丰”，观城有“义生”“泰盛”，鸣鹤有“泰来”“永大昌”，掌起有“穗丰”等店铺，都是前设店、后设工场，具有相当规模，有自己的品牌。“沈永丰”的藕丝糖、豆酥糖，“义生”的长寿糕、百果糕，“泰来”的油包，“永大昌”的茯苓糕，都十分畅销。

■“三北豆酥糖”在当今仍受追捧（2019年1月22日摄于第30届宁波市春节年货展销会）

① 俞福海.宁波市志：中册[M]. 北京：中华书局，1995：1468.
② 余姚市地方志编纂委员会. 余姚市志[M]. 杭州：浙江人民出版社，1993：373.

据民国《余姚六仓志》记载，临山的蒸酥、小窝糖，历山的香饼，坎墩的玫瑰糖饼，遐迩闻名。[①]

民国时期，余姚泗门“集镇上南货店多自设糕点作坊，制作各类宁式茶食糕点。较为著名的有穗香斋香糕店的香糕、广和功南货店的四色片、同昌南货店的寸金糖、三益麻酥店的麻酥糖等”[②]。

另外，据《奉化市志》记载：奉化“大桥镇葛升顺南北货号、周泰茶食店，常年雇工3～5人，生产糕点糖果。个体手工业者自制自卖，品种有薄荷糖、棒糖、芝麻糖、花生糖等中式糖果；松仁糕、香糕、蛋糕、千层饼、月饼等宁式糕点。1936年产糖果11.4吨，饼干150吨，油饼475公斤”[③]。

3.当代继承并创新

（1）20世纪50—70年代，生产不足

“到新中国成立时，宁波的糕点店所剩无几。”[④]1950年造具的宁波市糖北南货食品商业同业公会会员名册显示，茶食组中，成员很少，只有“大有”仍有良好的状态。（见表2–3至表2–6）

表2–3　宁波市糖北南货食品商业同业公会会员名册（南货组、茶食组）(1950年10月造)

商号名称	营业种类	地址	负责人姓名	住址	备考
昇号	南北海味	西郊路	韩明华	本店	南货组
源号		西郊路	韩志华		
源记		西郊路	韩伦华		
福安		中山西路	梁泰成		
福记		中山西路	陈世荣		
一枝春		公园路	李友瑛		
福大		公园路	袁维金		
顺和		中山东路	魏继祥		
南昌		江左街	黄祖祈		
益昌		中马路	余钜业		
甡和		后马路	周代辉		
裕德泰		车站路	黄秉文		

① 莫非，樵风.闲话观海卫[M]. 沈阳：沈阳出版社，2011：332.
② 陈新良.泗门镇志[M]. 杭州：浙江古籍出版社，2011：256.
③ 胡元福.奉化市志[M]. 北京：中华书局，1994：258.
④ 赵安华.宁式糕点小史[J].中国食品，1987（11）：42.

续 表

商号名称	营业种类	地址	负责人姓名	住址	备考
裕大		东渡路	张家升		
新鼎昌		东渡路	杨炳璋		
永泰丰		东渡路	李种祺		
万隆		东渡路	余定宝		
义大		东渡路	王友根		
成大		东渡路	韩荣绥		
升阳泰		灵桥路	汪梅卿		
兆丰		药行街	葛来潮		
昇春阳		药行街	包正芳	住江厦街 124 号	
赵大有		药行街	赵培英		
五味和		药行街	郁昌隆		
怡泰祥		百丈路	林宝根		
泳丰泰		后塘路	裘宝珊		
和丰		南郊路	单书祺		
贺兴隆		西郊路	贺久和		
同泰		西郊路	薛丰璋		停业未经办理歇业手续
同春西号		西郊路	李良善		
同兴		西郊路	王惠赓		
同春南号		灵桥路	周洵鹤		
永大		药行街	朱文土		
大昌祥		后马路	蔡有宗		在申请歇业尚未经核准
美大		灵桥路	周德懿		
中南		东渡路	陈祥佑		
新阳泰		崔衙前	何黎卿		停业未经办理歇业手续
大有		药行街	朱元巽		茶食组
孟大茂		和义路	孟传香		
昇阳泰		中山西路	王垂强		在申请歇业尚未经核准

注：来源于《宁波市工商联合会解放初及50年各工业企业会员名册》宁波市档案馆档案资料号268-2-1。

表2-4　浙江省宁波市私营糕团商业综合统计表（填造日期：1951年8月22日）

<table>
<tr><td rowspan="3">户数</td><td>按组织方式分</td><td colspan="2">总计 133 户</td><td colspan="2">独资 126 户</td><td colspan="3">合伙 7 户</td></tr>
<tr><td rowspan="2">按资本总额分</td><td>区分</td><td>50 万元①以下</td><td>51 万～100 万元</td><td>101 万～500 万元</td><td>501 万～1000 万元</td><td>1001 万～5000 万元</td><td>50001 万～10000 万元</td></tr>
<tr><td>户数</td><td>6</td><td>19</td><td>84</td><td>9</td><td>10</td><td>2</td></tr>
<tr><td rowspan="3">经营业务</td><td>主营业务</td><td colspan="7">糕团、包子、酥饼、茶食</td></tr>
<tr><td rowspan="2">兼营业务</td><td colspan="2">名称</td><td>糖、南北货</td><td>麸面</td><td>炒货</td><td>糖果</td><td></td></tr>
<tr><td colspan="2">家数</td><td>4</td><td>7</td><td>1</td><td>2</td><td></td></tr>
<tr><td>资本</td><td colspan="3">资本总额：599700000 元</td><td colspan="3">流动资金：226809000 元</td><td colspan="2">固定资产：489241000 元</td></tr>
<tr><td rowspan="4">经营概况</td><td colspan="8">1950 年 12 月份营业总额：490571980 元</td></tr>
<tr><td rowspan="3">1950 年 12 月份主要商品销售统计</td><td colspan="2">名称</td><td>糕</td><td>团</td><td>包子</td><td>馄饨面</td><td>饼干</td></tr>
<tr><td colspan="2">单位</td><td>斤②</td><td>只</td><td>只</td><td>碗</td><td>斤</td></tr>
<tr><td colspan="2">数量</td><td>12014</td><td>6834</td><td>130000000</td><td>242000000</td><td>2820</td></tr>
<tr><td>职工人数</td><td>合计 280 人</td><td colspan="2">经（协）理 88 人</td><td colspan="2">普通职工 143 人</td><td colspan="3">练习生（学徒）49 人</td></tr>
<tr><td>职工月薪</td><td>最高 507470 元</td><td colspan="2">最低 5000 元</td><td colspan="2">平均 173358 元</td><td colspan="3"></td></tr>
<tr><td>备考</td><td colspan="8">糕团包子业内三户负债大于资本</td></tr>
</table>

填造公会名称：糕团包子业公筹会

注：来源于宁波市档案馆档案资料，编号：268-3-288。

---

① 1955年第二套人民币发行，与第一套比为1：10000，下同。

② 1斤=500克，下同。

表2-5 浙江省宁波市私营麸面手工业综合统计表（填造日期：1951年8月21日）

<table>
<tr><td rowspan="5">户数</td><td>按组织方式分</td><td colspan="2">总计：37 户</td><td colspan="2">独资：35 户</td><td colspan="2">合伙：2 户</td><td>公司：0 户</td></tr>
<tr><td rowspan="2">按资本总额分</td><td>区分</td><td>59 万元以下</td><td>51 万～100 万元</td><td>101 万～500 万元</td><td>501 万～1000 万元</td><td>1001 万～5000 万元</td><td>5001 万～50 亿元</td></tr>
<tr><td>户数</td><td>9</td><td>6</td><td>18</td><td>3</td><td>1</td><td></td></tr>
<tr><td rowspan="2">按职工工人分</td><td>区分</td><td>未雇佣工人</td><td>雇佣 5 人以下</td><td>6~10 人</td><td>11~15 人</td><td>16~20 人</td><td>21~40 人以上</td></tr>
<tr><td>户数</td><td>17</td><td>20</td><td></td><td></td><td></td><td></td></tr>
<tr><td rowspan="3">经营业务</td><td>主营业务</td><td colspan="7">长面、米面</td></tr>
<tr><td rowspan="2">兼营业务</td><td>名称</td><td>切面、鲜面</td><td>切面</td><td></td><td></td><td></td><td></td></tr>
<tr><td>家数</td><td>1</td><td>3</td><td></td><td></td><td></td><td></td></tr>
<tr><td>资本</td><td>资本总额</td><td colspan="2">74530000 元</td><td colspan="2">流动资金：26490000 元</td><td colspan="3">固定资产：649100004 元</td></tr>
<tr><td rowspan="5">经营概况</td><td colspan="8">1950 年 12 月份营业额总额：人民币：75180000（自报额）元
90870000（评定额）元（根据 1951 年 6 月份）</td></tr>
<tr><td rowspan="4">1950 年 12 月份主要产品及副产品产销统计</td><td>名称</td><td>长面</td><td>米面</td><td></td><td></td><td></td><td></td></tr>
<tr><td>单位</td><td>斤</td><td>斤</td><td></td><td></td><td></td><td></td></tr>
<tr><td>生产数量</td><td>28104</td><td>6480</td><td></td><td></td><td></td><td></td></tr>
<tr><td>销售数量</td><td>28104</td><td>6480</td><td></td><td></td><td></td><td></td></tr>
<tr><td>职工人数</td><td colspan="2">合计 33 人</td><td colspan="2">经（协）理人</td><td colspan="2">普通职工 22 人</td><td colspan="2">练习生（学徒）11 人</td></tr>
<tr><td>职工月薪</td><td colspan="4">最高 372 元</td><td colspan="2">最低 58 元</td><td colspan="2">平均 13 元</td></tr>
</table>

填造公会名称：宁波市麸面业同业公会筹备委员会

注：来源于宁波市档案馆档案资料，编号：268-3-289。

表2-6　浙江省宁波市私营麸面手工业综合统计表（填造日期：1951年8月20日）

户数	按组织方式分	总计：45户		独资：43户		合伙：2户		公司：0户	
户数	按资本总额分	区分	59万元以下	51万~100万元	101万~500万元	501万~1000万元	1001万~5000万元	5001万~50亿元	
户数	按资本总额分	户数	1		22	11	11		
户数	按职工工人分	区分	未雇佣工人	雇佣5人以下	6~10人	11~15人	16~20人	21~40人以上	
户数	按职工工人分	户数	18	24	3				
经营业务	主营业务	麸面							
经营业务	兼营业务	名称	花饼	年糕	肥田粉	长面	蚊香	米面	明礬
经营业务	兼营业务	家数	3	3	2	2	1	1	1
经营业务	资本总额	371000000元			流动资金：178119458元		固定资产：247458924元		
经营概况	1950年12月份营业额总额：128372950元　（评）206399310元								
经营概况	1950年12月份主要产品及副产品产销统计	名称	切面	麸	长面	机面			
经营概况	1950年12月份主要产品及副产品产销统计	单位	斤	斤	斤	斤			
经营概况	1950年12月份主要产品及副产品产销统计	生产数量	43184	7161	1750	400			
经营概况	1950年12月份主要产品及副产品产销统计	销售数量	43184	7161	1750	400			
职工人数	合计111人		经（协）理45人		普通职工55人		练习生（学徒）11人		
职工月薪	最高306000元				最低36000元		平均136100元		

填造公会名称：长面作坊业公筹会

注：来源于宁波市档案馆档案资料，编号：268-3-289。

“1954年，大有、福记等4家南北货批发商号改成国营商店。1956年零售商店多改为合作商店（小组），少数为公私合营商店。水作归属糕团行业，腌腊归肉食品行业，茶食改称糕点，红烛被淘汰。南货、糕点、茶食糖果、炒货、酒、烟等行业归口市糖业糕点公司。”[①]

1961年，宁波第一糕点食品厂建立。其“拥有饼干、固体饮料、汽水和奶糕生产线各一条。以生产宁式糕点为主，其中洋钱饼曾获省优质产品奖，苔生片获1988年省商业厅颁发的优质产品奖。产品远销东北、西北、中南和华北等地”[②]。

总之，这一时期，糕点生产因粮食、油料、食糖等原料紧张，生产不足，未能满足市场需要，并且常采取凭证定量供应的方式，糕点成为奢侈品。

（2）20世纪80—90年代，快速发展

进入20世纪80年代，国家政策的开放推动了经济的发展，人民生活水平得到提高，由此，宁式糕点业有了更大的发展。

为弘扬宁波名点宁波汤团，改变由各点心店兼营的局面，1980年宁波市商业局于中山东路特设“宁波汤团店”专营商店。“该店的宁波汤团，以其选料讲究，制作精细而著名”[③],1988年荣获商业部颁发的食品“金鼎奖”。

■ 油余麻团（2019年2月28日摄于南塘老街）

20世纪80年代以来，宁波糕点生产发展较快，品质获得更大提高。1980年5月，“在长沙举行的全国第一次名特糕点工艺交流会上，宁式糕点以它独特的风味和精湛的制作技巧赢得了赞赏”[④]。

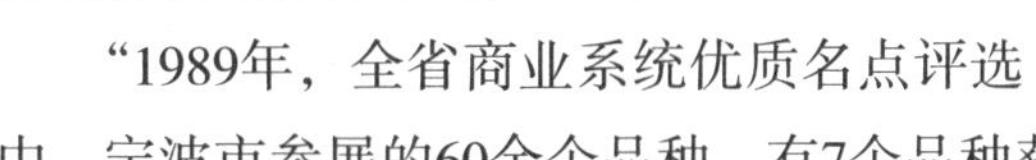

“1989年，全省商业系统优质名点评选中，宁波市参展的60余个品种，有7个品种获省优质点心称号，获奖数名列全

① 俞福海.宁波市志：中册[M].北京：中华书局，1995：1468.
② 《宁波词典》编委会.宁波词典[M].上海：复旦大学出版社，1992：159.
③ 《宁波词典》编委会.宁波词典[M].上海：复旦大学出版社，1992：215.
④ 屠树勋.浙江名胜[M].北京：航空工业出版社，1993：287.

省之冠。宁波汤团店的猪油汤团、宁波糕团厂的油余麻团还荣获商业部优质产品金鼎奖。”[①]

根据1983—1988年宁波食品工业总产值情况，糕点产量也逐年增长（见表2-7）。

表2-7　1983—1988年宁波食品工业总产值情况

单位：万元

项目	1983年	1984年	1985年	1986年	1987年	1988年
总计	75185	86668	96236	114726	121700	138291
食品制造业	42728	50700	55350	64044	64367	74138
其中：						
食品加工业	19560	21419	15658	16820	14835	16119
植物油加工业			4972	5899	6357	6271
糕点、糖果制造业	6751	8600	9885	10933	11683	12818
制糖业	293	295	262	129	216	218
屠宰及肉类加工业	2243	2451	2490	3149	2812	3124
乳品加工业				628	659	529

注：本表只引用了部分数据。

“1984年生产8513吨。全市最大的宁波第一糕点食品厂，日产糕点12000斤，产品除供应本地外，远销全国近20个省、市。商办工业现有糕点工厂（场）17家，从业人员占整个商办工业职工人数的40%。”[②]（整个商办系统1984年有职工7000人。）

根据1991年12月出版的《中国工业企

■ 国营宁波第一糕点食品厂包装袋（作者2018年购得）

① 顾明.中国改革开放辉煌成就十四年：宁波卷[M].北京：中国经济出版社，1992：235.
② 本书编辑委员会编.上海经济区工业概貌·宁波市卷[M].上海：学林出版社，1986：39.

业全集》的统计数据，20世纪80到90年代宁波大市糕点加工企业共有89家，其中原老三区9家，包括宁波市第一糕点食品厂、宁波市第四糕点食品厂、宁波市庄桥供销社食品厂、宁波市益康食品厂、宁波市副食品厂、宁波市大有食品厂、宁波市江东镇安康达食品厂、宁波市采芝斋食品厂、宁波市江北第三食品厂。另有其他县市区80家，其中北仑、镇海11家；余姚12家；慈溪10家；奉化11家，象山10家，宁海13家。[①]

当时有代表性的食品厂家有以下几家。

● 宁波市第三食品厂

1977年由镇明糕点工场等三个企业合并建立宁波市第三糕点食品厂，1988年改名为宁波市第三食品厂，主要产品有糕点、糖果、巧克力、果汁方罐、小食品等，年产量达到1630吨，是宁波市较大的食品工业企业之一。

该厂先后有两个产品获商业部优质产品奖，四个产品分别获省优质产品奖和省商业厅最佳产品奖，另外两个产品分别获省商业厅玉兔奖和宁波市名特优新金马奖，产品远销全国20多个省、市。

● 喜盈门食品厂

该厂建于1982年6月，主要产品有宁波特产豆酥糖、儿童营养食品、各种糖果及冷饮制品。其生产的恋明牌系列糕点获1989年全国最佳风味食品奖。

● 宁波春光食品厂

该厂创建于1981年，当时有职工168人，工业总产值达300万元，实现利税近25万元。该厂的当家产品为宁绍地区传统特产——苔菜粉麻片。

● 慈溪周巷食品厂

该厂创建于1958年，当时有职工80人。1984年“三北牌”三北芝麻豆酥糖获宁波市首届食品展销会十佳十优奖，1985年获华东八市名特产品群众欢迎产品奖，1986年获浙江省名特优新产品金鹰奖，1987年获宁波市名特优新产品金马奖。其生产的中秋月饼多次分别荣获最佳优等奖、优良奖。

● 宁波冠生园食品厂

该厂创建于1971年，主要生产品种有软糖、硬糖、夹心糖、冰淇淋、雪糕棒冰、饮料、月饼、饼干、蛋糕及炒货等。

---

① 中国工业企业全集编辑委员会.中国工业企业全集·浙江：上卷[M].北京：中国财政经济出版社，1991：92－94.

● 奉化市溪口粮管所食品加工厂

该厂是专业生产千层饼的全民所有制企业，成立于1984年，当时有职工27人。该厂生产的“千张飞珠”千层饼是由千层饼创制人王永顺第三代嫡传子弟周永康传艺，独家师承，被称为溪口正宗千层饼，其制作精细，产品层次分明（有27层），油酥充足，质地松脆，清香可口，甜中带咸，独具风味。产品销往宁波、上海、北京、香港、台湾等地。1988年初春，柬埔寨的西哈努克亲王和夫人莫妮克公主曾品尝“千张飞珠”千层饼，给予好评。

● 奉化市溪口第一千层饼厂

该厂由原溪口米厂扩建而成，是20世纪80年代最大的生产千层饼的专业企业，有职工95人。该厂生产的“雪窦山”牌千层饼，1987年、1988年分别荣获省优质产品、中国首届食品博览会铜奖，产品远销日本、东南亚等地。

● 余姚临山供销社食品厂

该厂建于1956年，当时有职工22人。产品“葱方酥”1981年获宁波地区供销系统优质产品奖，1983年在全国第三次“质量月”活动中被评为县最佳产品。1988年该厂被评为区社先进单位。

20世纪90年代在宁波城区，有点心店、糕团店20余家（见表2-8、表2-9）。

表2-8　20世纪90年代宁波市区点心店一览表

名称	地址	电 话
宁波汤圆店	中山东路 37 号	0574-64514
缸鸭狗甜食店	开明街 336 号	0574-65339
郡庙甜食店	县学街	
新江点心店	人民路 4 号	0574-55713
曙光点心店	曙光路	
公园点心店	中山公园前	
东胜点心店	江东北路 229 号	0574-31958
绍兴鸡粥店	江厦街	
分外香粽子店	中山东路	0574-61537
前进菜饭店	中马路 175 号	0574-55713

表2-9 20世纪90年代宁波市区糕团店一览表

名称	地址	电话
赵大有糕团店	江东百丈街	0574-62776
天然糕团店	中山西路	
仓桥糕团店	仓桥头	
县学糕团店	县学街城隍庙前	
浩河糕团店	浩河头	
百丈糕团店	百丈街 20 号	0574-32776
江东糕团店	后塘街	
开明糕团店	开明街 334 号	0574-61993

（3）进入21世纪至今，恢复、挖掘、创新

在这个时期，宁波成立了食品工业协会，开辟了食品博览会传统糕点专区。

宁波市食品工业协会成立于2015年5月，是宁波市从事食品生产、经营的企业以及相关领域企事业单位、科研院校自愿参加的地方性、行业性、非营利性的社会团体组织。

2015年5月20日，该协会通过民主选举产生了第一届理事会。现任会长单位为宁波阿拉酿酒有限公司，现任会长傅勤峰，现任秘书长李培鸣。

宁波市食品工业协会的主要职责是：致力于为会员服务，为行业服务，促进行业自律，维护行业和会员的合法权益，协调同业关系，并在政府和企事业单位之间发挥桥梁、纽带、沟通作用，增进会员间的合作交流，密切与国内同行的交往，促进宁波市食品行业健康发展。

■ 由宁波市食品工业协会牵线，作者访谈宁式糕点企业老总，右为李培鸣秘书长（林旭飞摄于2018年11月30日）

目前，会员单位已从成立时的80余家，发展到近100家。

宁波市食品工业协会秘书长对宁式糕点文化的发展予以很大的关注，对宁式糕点文化的研究提供了许多帮助。

截至目前，宁波市老三区等区域有20余家糕点类企业加入了宁波市食品工业协会（见表2-10）。

表2-10　宁波市糕点企业名录1

序号	企业名称	企业地址	主要产品
1	宁波南苑食品有限公司	鄞州区会展路 18 号	糕点
2	宁波梦缘食品有限公司	镇海区骆驼慈海南路 1709 号	饼干
3	宁波赵大有食品有限公司	海曙区高桥镇长乐村大众路 48 号	糕点
4	宁波义茂食品有限公司	江北区慈城镇妙山村	年糕
5	浙江新美心食品工业有限公司	北仑区新契南海路 7 号	面包、糕点
6	浙江荃盛食品有限公司	海曙区集士港镇 85-115 号	月饼、粽子
7	宁波法兰香榭食品有限公司	鄞州区春光路 1 号	糕点
8	宁波市万香食品有限公司	鄞州区姜山镇胡家坟村	糕点、炒货
9	宁波草湖食品有限公司	宁海县新兴工业园区	糕点
10	宁波市海曙荣昌记食品厂	海曙区洞桥镇鱼头山村	粽子、月饼、糕点
11	王升大陆宝食品有限公司	鄞州高桥新庄村	粮食加工品
12	宁波市江北五桥粮油有限责任公司	江北康庄南路 487 号	粮食加工品
13	宁波缸鸭狗食品有限公司	镇海九龙湖镇陈沈路 188 号	糕点、速冻食品
14	宁波迎凤食品有限公司	海曙区古林镇藕池工业区	糕点、月饼
15	宁波克莉丝汀食品有限公司	海曙区望春工业园丰成路 318 号	面包、糕点
16	宁波日盈食品有限公司	鄞州滨海创业中心鄞东北路	饼干
17	宁波老大房食品有限公司	江北区慈城镇妙金线南段	糕点、月饼
18	宁波双鹿时光食品有限公司	海曙区段塘大河头路 99 号	糕点、饮料

1.香糕（林旭飞摄）
2.苔菜粉麻片（林旭飞摄）
3.洋钱饼（林旭飞摄）

续 表

序号	企业名称	企业地址	主要产品
19	宁波中亚食品有限公司	鄞州区下应街道柴家村	月饼、速冻汤圆
20	宁波甬记食品有限公司	江北庄桥街道马径村穆桂家 128 号	速冻食品

宁波荣昌记食品厂是当代宁式糕点企业代表之一。

宁波荣昌记食品厂创办于1998年，当时选址邱隘镇，2006年考虑环境等因素，迁址洞桥镇。荣昌记的产品均为宁波传统糕点，包括洋钱饼、小王糕、绿豆糕、云片糕、豆酥糖、粉麻片等。

宁波荣昌记食品厂企业创办人傅德明，在企业创立伊始，就把食品安全卫生作为头等大事来抓，在硬件与软件上一起用力。

因为传统糕点的制作，多道工序还得靠手工，案板的用途很广，所以，傅德明就先从案板的调整开始抓起，改传统的木案板为不锈钢案板。“想不到，阻力来自做豆酥糖的老师傅们。”傅德明说。老师傅觉得木面板是老底子一直用下来的，为什么要改？思想工作做不通，就用实验数据来说话。傅德明让化验室在这两种不同的案板上培养菌落，结果，传统木案板的菌落总数大大超过不锈钢案板（见表2-11）。在数据面前，老师傅们欣然接受了新事物。

表2-11　不同材质案板微生物检测对比

	木案板	不锈钢案板
使用时间 使用条件	约一年 按规定要求清洁	约一年 按规定要求清洁
菌落总数	2600CFU/g（不合格）	200CFU/g
大肠菌群	＜30MPN/100g	＜30MPN/100g
霉菌	180CFU/g（不合格）	30CFU/g

测试部门：宁波荣昌记食品厂化验室 测试人员：伍老顺　时间：2010年12月10日

注：来源于荣昌记管理资料96（由宁波荣昌记食品厂提供）。

除了改换案板，公司还配有多台先进的等离子灭菌机，对半成品、成品进行二次灭菌。

在建设硬件条件的同时，公司积极建设良好的软环境，用先进的管理制度与理念保证传统糕点制作的安全卫生。

一是制度建设。

建章立制，制定相关程序、相关岗位要求，并且全部上墙。

进入车间前，有两块程序牌，一块为“更衣程序牌”，另一块为“洗手程序牌”，并配自动杀菌净手器。

■ 洋钱饼制作现场铮亮的不锈钢案板（2018年12月3日摄于荣昌记）

每个车间内，每一道工序，都有明确的岗位要求，包括生线配料工序岗位要求、生线成型工序岗位要求、熟制岗位要求、摊冷岗位要求、包装工序岗位要求以及烘箱操作要求、蒸煮岗位操作规程，并上墙贴挂。

对工器具（机器）消毒、清洁也做了详细的规定，要求：（1）每天下班清洗工作台面，并用75%酒精喷洒消毒；（2）清洗工器具（机器）表面及内部的残留物，然后清洗、擦干，再用75%酒精喷洒消毒；（3）大件机器每星期全面清洗、消毒一次。另外还制定了《车间内环境消毒、清洁规定》《冷库管理制度》等。

二是企业文化建设。

“安全卫生”是荣昌记企业文化的主旋律，公司提倡“合格员工”就是“工厂主人”，要求全体员工紧绷食品安全卫生这根弦。企业老总亲自负责“每周一语”宣传栏，让卫生的理念深入每位企业员工心中。

三是员工队伍建设。

加强员工培训，请有关高校如医药高专教师专门做食品卫生讲座，坚持常规培训考试，每年进行生产安全考试。这些都起到了很好的效果。

当前，企业的发展，也遇到了一些问题。比如如何适应越来越流行的网络购买方式，如何拓展年轻的消费群体，等等。

目前，荣昌记已经在部分包装上有了尝试，比如把原“祭灶果”当中裸装的各式糕点改成了小包装。也在口味的目标取向上做了调整，比如提倡“素食”。

■ 2018年中国（宁波）食品博览会宁波馆（2018年11月16日摄）

荣昌记表示，他们还将在改进包装的风格、改进更加符合当代人的口味上下功夫，争取有新的飞跃，并继续以“弘扬传统，缔造经典”为己任，为甬城百姓打造“记忆里的地道醇香”。

中国（宁波）食品博览会

已在宁波连续成功举办13届。十多年来，中国（宁波）食品博览会的规模、效益屡创新高，专业化、市场化、国际化水平不断实现新的突破，已发展成为中国食品行业中规模大、档次高、影响广和成效显著的龙头展会。

近年来，中国（宁波）食品博览会注重推广宁波特色糕点，开辟了“宁波特色馆”并推出“老字号食品”，为宣传、展示宁波传统特色糕点文化提供了良好的平台。

二、宁式糕点老字号选介

一个城市的老字号，不仅体现了城市的历史风貌和风俗人情，也体现了一个城市发展的脉络和文化底蕴，其意义深远。同理，宁式糕点老字号反映了宁式糕点的发展脉络与文化底蕴。

1. 董生阳南货号

（1）创始与发展

董生阳南货号创立于清代道光年间，设点在东直街。

当时“董生阳经营的食品不仅味道可口，而且生意繁忙，天天要开到深更半夜才歇手”①。

董生阳南货号由慈溪的董棣林创立。

董棣林，“原慈溪县西乡三七市人（三七市50年代初期划归余姚市管辖）。董棣林出身于药业，在清嘉庆年间（公元1796—1820年）与跑沙船业者联姻，往来于东北、上海之间，采购人参、药材，积累了资财……同时，在上海、宁波经营参药和南北货，开设著名的‘董生阳南货号’”②。

抗战期间，1941年4月宁波沦陷，糖北行、南货行或关闭或转行，或改零售门庄，宁波糕点业萧条。

1945年抗战胜利后，宁波董生阳南货号由宁波知名爱国民主人士俞佐宸以大股东身份投资重新恢复。

1956年，董生阳南货号公私合营。2014年，为了宁波的老味道，宁波董生阳食品有限公司正式成立，开始着手生产老味道的宁波糕点。并获得了许多荣誉。其中老宁波小桃酥、洋钱饼荣获2017年浙江省首届点心展品会金奖，喜

① 乐承耀.宁波通史：清代卷[M].宁波：宁波出版社，2009：187.
② 陈国强.浙江金融史[M].北京：中国金融出版社，1993：84.

饼、四色糕荣获银奖。2018年，该公司自主创新的苔香粉麻片荣获“浙江名小吃”称号。

（2）名品

董生阳最著名的宁式糕点莫过于橘饼。橘饼就是现在大家说的喜饼。

■ 民国宁波董生阳南货店广告（图片来源：《宁波文化丛书（第二辑）》之《江厦观潮》），标签上还有四位数的电话号码，地址显示为：东大路。（东大路即现今中山路18号）

每逢婚嫁，去“董生阳里买橘饼”是一种时尚。从前，男方到女方家提亲、定亲时，都会送上各色糕点，橘饼是必不可少的，取之谐音“吉”，寓意婚姻美满，吉祥如意。久而久之，橘饼也被称为吉饼。

■ 董生阳大吉饼喜字（董生阳食品有限公司供图）

结婚当天，主人家也一定会向前来道贺的亲朋好友分发吉饼，以示对贺礼的回馈，寓意大吉大利，大家兴旺发达。

董生阳除了橘饼闻名外，其生产的四色糕也是一大特色。四色糕也被称为“床头果”，就是洞房花烛夜在新房里为新人准备的点心。

■ 四色糕（董生阳食品有限公司供图）

2. 大有南货号

大有南货号创建于清代咸丰三年(1853年)，由朱姓谨、慎两兄弟创办。“店址药行街，为甬上南货名店之一。旧时门面为蓝底金字，嵌字联曰：‘大名重宇宙，有美尽东南’，显示店家创业雄心。经营南北果品、茶食，尤以自制特色品种闻名，用料讲究，制作精细，色香味俱佳。大有酱油瓜子、大有香糕、大有蛋糕为宁式名点。”[①]店名为什么取“大有”？据其后人介绍，“大有”出自《周易》之《彖》：“大有，柔得尊位，大中而上下应之，曰大有。”[②]大有南货号的名气在于其花色品种众多、富有特色的糕点，而且绝大部分是传统的糕点。

■ 20世纪50年代大有南货号（资料图片）门联上书：“四时茶食，南北果品”

大有南货号“注意取信于顾客，旧时农民上城惠顾，赠给标有‘大有’字号灯笼一盏借作广告；每晨供应廉价‘高包’（甜馅馒头）；四季供应时令花色茶点，以广招徕”[③]。由于大有南货号经营的商品品种多、货源足，所以它一直是宁波南货店中的头块牌子。1990年大有南货号店有职工27人，至1993年营业面积有250平方米，经营10个大类食品，保持传统特色，开发新品种。

■ 20世纪80年代末大有南货店（资料图片）

1994年药行街改造时，大有南货店的店面被拆。

3. 升阳泰

（1）创始与发展

清代咸丰元年（1851年），时任宁波知府的华少湖创建升阳泰，经营南北果品。店名取义“日升三阳而开泰”，寓意兴旺平安。因其货真价实，真诚可信，升阳泰的产品在市场上颇具口碑。

新中国成立之初，原兆丰南货铺的掌柜葛来潮买下升阳泰，成为最后一任私营业主，一直持续到1956年公私合营。当时曾流传一句口头禅叫作“升阳泰黄沙也能卖三年”，意思是升阳泰这块招牌，含金量高，即使把黄沙当作黄糖卖，也能卖三年。

（2）冲击与转折

1985年，宁波中山路拓宽，升阳泰在原址恢复重建，1987年初升阳泰重新开业。在宁波所有的老字号品牌中，升阳泰是为数不多依然坚守原址的。1990

① 俞福海.宁波市志：中册[M]. 北京：中华书局，1995：1452.
② 周达章，周娴华.宁波老事体[M].宁波：宁波出版社，2014：55.
③ 俞福海.宁波市志：中册[M]. 北京：中华书局，1995：1452.

年，升阳泰有职工197人，营业额1215万元，利润9.4万元。[①]1992年升阳泰商场转型为一家有一定影响力的综合商店。2001年9月，升阳泰再次进行了内部转型，“正式更名为‘升阳泰宁波特产商场’，专营宁波特产食品和旅游纪念品。同年，被命名为‘宁波市旅游定点接待单位’，定位为宁波土特产的专营店，重点面向前来宁波旅游的外地游客”[②]。

■ 1946年的升阳泰糕点礼盒包装[②]

从1946年升阳泰的糕点礼盒包装上看，当时宁波的电话号码为三位数，且使用的是繁体字，以此推断，使用该包装的时间大概在1946年至1949年之间，说明“升阳泰”这个品牌，在新中国成立前就已经使用了。

4. 赵大有糕团店

（1）初创与发展

赵大有先祖起先以制作年糕享誉沪浙一带。

清代道光年间，赵氏先祖主要以制作梁湖年糕在宁波短帮经营，逐渐站稳脚跟并使梁湖年糕畅销甬城。

梁湖年糕在宁波打开市场后，销量逐年递增，从事这一生意的赵氏族人也愈来愈多，但数十年间始终没有固定店面。后来，赵氏先祖在茶馆中结识了宁帮糕团名师苏瑞财、陈高仁，1911年赢得他们的支持，在百丈街开设了第一家赵大有糕团店。[③]

在宁波开出第一家赵大有宁式糕团点心店后，赵氏族辈们竞相盘店经营，城里的老百姓几乎都能就近买到“赵大有”牌食品。

赵大有糕团店主打金团。其在制作、营销上摸索出了自己的经营特色。首先是调整配料，精心制作。赵大有龙凤金团将原来用生水拌和的外皮粉，改用熟水，又把原来单一的豆沙馅，加撒白糖馅（内掺入红绿丝、蜜饯、瓜仁

① 俞福海.宁波市志：中册[M].北京：中华书局，1995：1452.
② 林旻.升阳泰的百年风雨[N].崔引，摄.东南商报，2014-08-24.
③ 中国人民政治协商会议宁波市委员会文史资料研究委员会.宁波文史资料：第6辑[M].杭州：浙江人民出版社，1987：155.

等），使外皮既韧又糯，内馅香甜润滑。其次是方便顾客，实行送货上门。这样一来“赵大有”牌的糕点在宁波城乡名气更大，“赵大有”糕点名扬四方。

（2）鼎盛期

抗战期间1941年宁波沦陷，百业尽废，糕团业也不例外，但赵大有糕团店苦练内功，延聘糕点技师，另辟馒头水制，拓展油包、寿桃、面食等，把这些品种从南货业中引申出来。经过努力，赵大有糕团店的店面星罗棋布。当时，旅外同乡来宁波省亲，农村祭祖、祝寿、婚嫁等活动等都用“赵大有”糕点。赵大有糕团店业务鼎盛。尽管日夜制作，有时还会供不应求。

■ 五代金团（赵大有食品有限公司产品）

为树立品牌，享誉口碑，赵大有糕团店牢记祖先的遗训，制定了“三不出售”与“三个不卖”，即：金团粉酸、漏馅的不出售，花纹印不明晰的不出售，松花脱皮的不出售；盛器不适宜的不卖，盛器小的不卖，小孩子说不清的不卖等店规明约。

■ 赵大有老印模版（赵大有宁式糕点博物馆提供）

20世纪90年代，宁波市赵大有食品有限公司成立。2004年“赵大有”商标（30类）成功注册，宁波市赵大有食品有限公司2008年被评为浙江“老字号”企业。

5. 宏昌源号

有句宁波老话叫作“宏昌源的月饼，缸鸭狗的汤团”。“宏昌源”在20世纪上半叶便被时人当作甬城南货的品质标杆。

1915年慈城王姓点心师傅在灵桥门附近长租了一间门面开办王记南货铺，生意日渐兴隆。1925年擅长山北茶食的王记与大同、赵大有合称“灵桥南货三大家”。

1931年王师傅在宁波顶级商圈外滩中马路建了三层临街商铺宏昌源号。1941年宁波被日军侵占，宏昌源号遭日寇抢掠，有“三江点心王”称誉的王师

1.宏昌源南货号1936年1月29日登在《时事公报》上的广告
2.位于宁波老外滩的宏昌源号老店铺，正立面上塑有“龙凤金团、鸳鸯喜饼、山北茶食、麻豆酥糖、馒头水作”等字样

傅及其家人下落不明，只留下宏昌源号店铺。

宏昌源号现位于中马路47号，是一幢早期西式混凝土楼房，有着单坡式屋顶。

“它是老宁波至今仍耳熟能详的上世纪30年代典型的‘前店后作坊’式的糕点老商铺，门楣上清晰可见‘龙凤金团　鸳鸯喜饼　山北茶食　麻豆酥糖　馒头水作’字样，甬式糕点是江南的一大特色，当时往来宁波停靠在外滩码头的各地客商，皆以一尝宏昌源号的糕点为一大快事。”[①]

6. 东福园饭店

东福园饭店，始建于清代光绪三十四年（1908年）。“1933年，安徽人吴子昭集资20股计6000元创设东福园菜馆，寓‘福如东海’意，店址中山东路，处三江口南侧闹市区，主营正宗徽菜等。1956年公私合营。1961年翻建原三楼双间门面为四层楼房。”[②]

从设店至今，东福园饭店获全国首批“中华老字号”“中国十佳老字号餐饮品牌”等多个称号。现为宁波市老字号协会会长单位。

---

① 蒋金奎.宁波旅游新编景点导游词[M]. 北京：中国旅游出版社，2008：654.
② 俞福海.宁波市志：中册[M].北京中华书局，1995年：1454.

东福园饭店烹饪技艺有五大特点，即鲜、咸、飘、纯、亮，讲究用料新鲜，注重本味。除了继承传统名菜外，东福园饭店还改良创制了多种名点名吃。东福园经营的多味包子——大肉包、鲜菜包、油包等都是继承传统、推陈出新的优秀品种。大肉包、年糕干、油赞子等糕点备受全国各地的人们追捧。其中“阿拉有礼”——油赞子、年糕干获得2019年第十六届中国中华老字号精品博览会金奖。

■ 20世纪80年代东福园东门口旧址

■ 东福园油赞子、年糕干（林旭飞摄）

名品“福园大肉包”有极好的口碑。老百姓有顺口溜说“吃了东福园包子，福如东海，包生儿子”，图的就是一个喜庆、吉利。

■ 福园大肉包（林旭飞摄）

“福园大肉包”，精选馅料，猪肉馅七分瘦三分肥，而且不是通常的肉糜，而是小小的肉丁。同时，其借鉴灌汤包的方法，加入一定比例的水和皮冻，吃起来汤汁鲜美，满嘴留香；馅料中加入适量白糖，更适合南方人的口味；包子皮薄厚适中，洁白光滑，既蓬松暄软，又不失韧劲而有嚼头。

7.庄市阜生南货店

阜生南货店开设于1830年前后。[①]阜生南货店位于庄市老街中央段，现庄市老街河北28号。

■ 扛箱（旧时的杠箱有三层四层之别）[②]

20世纪30年代“阜生”已是百年老店，经理（时称“阿大”）是庄继融，管理祖传的产业。店内有对联：“阜财端赖同仁力，生意还期大有年。”墙上装有手摇电话机。

大户人家喜庆定制的礼品，有“糕（糕点）桃（核桃）烛（香烛）面（长面）”“玉（猪爪）糖（糖果）富（烤麸）贵（桂圆）”等讨口彩四大件，需要很精细地放置于锡制的圆形高脚盘上，装饰相当精致，并用扛箱专程送达，招摇过市。

阜生南货店出品的油包、瓜子、香干、糕点的品质，丝毫不逊于当时宁波城内的“四大家”“六大家”，尤其以人物雪片和粉麻片独树一帜，闻名遐迩。

汉口宁波帮头号商人宋炜臣（1866—1922）15岁时就曾在阜生当学徒。

船王包玉刚（1918—1991）1984年在离别家乡53年后回到庄市时曾津津有味地提及儿时吃的阜生南货店的“水晶油包”。

8. 慈溪永丰茶食

永丰茶食创始于清代雍正三年（1725年）。店里有一副店规对子，上联“永远驰名十里村中称老店”，下联“丰财和众百余年外守陈规”，横匾是“鸿基巩固”四字。另有名人所写匾、屏若干。

永丰的名品为藕丝糖。

藕丝糖外形为柱状，粗细约同于人的手指，长不过三寸。细细的糖杆上整齐地排列着73个小孔，看起来就像是被截断的藕，所以人们称它为“藕丝

① 刘巽明，庄起钊.乡恋依旧：庄市“阜生”及老街[EB/OL][2019-05-16].http://blog.sina.com.cn/zbzs1052.

② 刘巽明，庄起钊.乡恋依旧：庄市“阜生”及老街[EB/OL][2019-05-16].http://blog.sina.com.cn/zbzs1052.

糖”。永丰藕丝糖松脆可口，留香齿间，回味无穷，老少皆宜。“产品用四五寸高的方铁盒装箱，还在盒盖的合缝处，贴上白底蓝字‘三北沈永丰精制藕丝糖谨防假冒’的封条。”[①]永丰藕丝糖曾被作为贡品，名扬全国。

19世纪后期，三北藕丝糖被海外的“三北帮”商人带到了日本、东南亚一带，也广受欢迎。永丰店后期老板的舅舅吴锦堂还将它选作馈赠日本天皇的礼物，受到日本皇族的赞誉。

9. 缸鸭狗

缸鸭狗创始人江定法，小名阿狗。

“1926年，江阿狗在开明街设摊卖猪油汤团和酒酿圆子等甜食。阿狗为人诚实而勤劳，经营的点心廉价而地道。因此小小摊档也别具特色，生意渐渐地做大。1931年，他的小食摊扩大开店，店址在开明街原右营巷口与英烈街之间。”[②]

缸鸭狗主营宁波传统名点——猪油汤圆。他家的汤圆滑溜圆润、香糯油甜，是逢年过节、贺喜待客的必备点心。“20世纪60年代初，当时任国家主席的刘少奇来宁波视察时也专门品尝了宁波汤圆，并禁不住咂嘴称妙。”[③]

公私合营后，缸鸭狗几经变迁，数易其名，曾称甜食店，叫过汤团店。

1993年，缸鸭狗酒楼被国家贸易部授予“中华老字号”称号。2009年，浙江采得丰控股有限公司，正式从江定法的后人手里接过了缸鸭狗这块招牌。

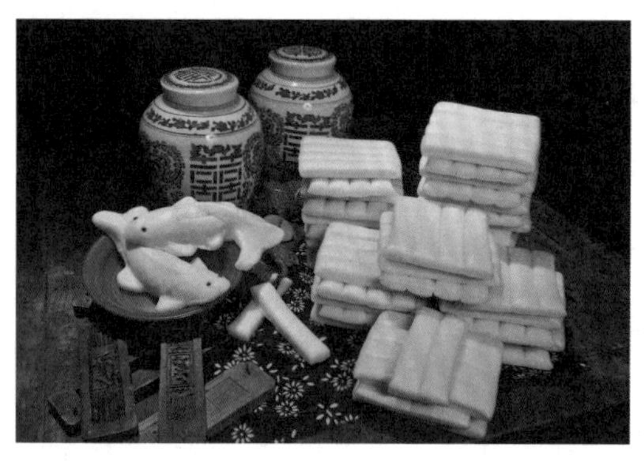
■ 冯恒大水磨年糕（图片来源：公众号“江北发布”的《慈城年糕现代简史》）

2012年缸鸭狗酒楼被浙江省文化厅授予“浙江省非物质文化遗产”称号。

10. 慈城冯恒大

宁波有句老话，“汤团要吃缸鸭狗，年糕要吃冯恒大”。慈

① 王凉.三北藕丝塘[M]//浙江土特产简志. 杭州：浙江人民出版社，1987：56.
② 宁波市文化广电新闻出版局.甬上风华：宁波市非物质文化遗产大观·海曙卷[M]. 宁波：宁波出版社，2012：243.
③ 宁波市档案馆档案资料，编号：T3.1.12-105。

城冯恒大创建于清代同治年间。后来，由于时局动荡，冯恒大渐渐没落。新中国成立后，冯恒大改称慈城冯恒大食品厂，之后又陆续更名。

到2002年，冯恒大重新有了现在的规模。它主打水磨年糕，并参与制定“慈城年糕宁波市地方标准”。自2002年起冯恒大公司开发了“花色年糕”新产品，为全国首创新产品。2004年12月底冯恒大公司成功制作了长5米、宽12米、高0.3米、重2.3吨的中国最大的年糕，创下吉尼斯世界纪录，享誉全世界。

2008年10月，“冯恒大”被浙江省商务厅认定为“浙江老字号”。

2009年“冯恒大”又成功入选浙江省非物质文化遗产名录。

11.慈城庄永大

慈城庄永大由庄品生始创于1895年。

1885年，庄氏先祖庄仁标在宁波慈城租房开办糕饼店。1895年庄仁标买下了慈城镇上的直街152号（现为解放路245号）的两间店面，由儿子庄品生独担大梁，并将店面取名挂牌为庄永大糕饼店。庄永大最有名气的产品是咸光饼和腊月年糕。

“庄永大”品牌一直经营至1960年10月。

2003年，庄品生的孙子庄国平将关闭了43年的庄永大糕饼店重新开张，注册成立了宁波市江北慈城庄永大年糕厂。

2011年10月“庄永大”被浙江省商贸厅认定为“浙江老字号”品牌。①

12.宁海“草湖食品”

相传徐霞客游历宁海之时，曾途经今草湖村一带。时有王姓村民以家传自制糕点招待贵客。徐霞客品尝后，大为赞叹：“民俗食点，俱芝之味，备色之卓。”

此后，王氏族人制作糕点的工艺代代相传，渐成气候。至20世纪初叶王氏后人王福来主家时，王氏逢节所制作的糕点已在草湖乃至宁海一带小有名气。1947年，王福来之子王永求创建“草湖糕饼坊”。1983年，王永求之子王林章成立宁波草湖食品有限公司。经数代王氏后人不懈努力，“草湖”秉承数百年独树一帜的工艺传承经营模式，从早期仅用于自家食用的民俗小吃，发展为近代家庭工艺作坊，并逐渐壮大成如今集研发、加工、生产于一体的现代化

① 宁波市档案馆档案资料，编号：Q1-1054。

■ 草湖产品（草湖食品供图）

食品优质企业和市级农业龙头企业。

“草湖”食品种类精致多样，现有传统糕点系列、优质月饼系列、休闲食品系列等。“草湖”的原则是卫生、健康、美味。“草湖”近几年开发了无蔗糖糕点系列，改变了消费者对传统糕点食品多糖油腻的印象；同时，还开发出系列杂粮健康食品。

2010年9月，“草湖”被浙江省商务厅认定为“浙江老字号”。①

第二节　宁式糕点发展的文化背景

宁式糕点的形成和发展与当地的民风习俗、原料以及制作工艺密切相关，尤其与其悠久的稻作文化、米食习俗有关，与丰厚的茶文化背景以及地方好祀习惯也有着密切的联系。

① 宁波市档案馆档案资料，编号：Q1-1054。

一、源远流长的稻作文化

宁波地区有着源远流长的稻作文化，表现在悠久的稻作历史、虔诚的稻作信仰、鲜活的稻作经验与气象谚语、根深蒂固的米食习俗等方面。

1. 悠久的稻作历史

考古发掘已经证明，宁波有着数千年的水稻栽培历史，是中国最早种植水稻的地区之一。宁波境内的“河姆渡遗址迄今为止仍属中国乃至亚洲最丰富的稻作遗址”①。“河姆渡以其数量惊人的稻谷遗存证明，这里已不仅是稻作的起源地，而是兴起了一个原始稻作农业的社会。当时河姆渡人已经大面积种植水稻，人们普遍以大米饭作为主食，兴起于六七千年前的杭州湾河姆渡文化，是一个稻作文化。”②河姆渡遗址是目前能够完全确认的人类栽培水稻最有说服力的发现。从那时开始，宁波的稻作文化绵延了7000余年。

2. 虔诚的稻作信仰

宁波有乡谚这样说，表达了种田的自豪感：“衙门财主一篷烟，生意财主年打年，种田财主万万年。”

旧时，各地还流传种地祭地王的习俗。

以前农村除种植少量蔬菜外，没有其他经济作物，全部种植水稻，而当时种植水稻缺少一整套科学的管理方法，完全是看天气种稻。水稻年成直接关系到农民一年的生计。为了祈求新的一年有好的收成，在农村流传着请地王菩萨祈丰年的风俗。

每年农业生产开工时（大约在农历三月），由农活作头师傅挑一担三牲福礼、黄豆、笋干等供品到田头，在一块田的中央祭拜地王菩萨，祈求地王菩萨保佑田头在新的一年里有一个好收成，稻谷粒大如黄豆。黄豆、笋干用来象征水稻丰收，所以祭地王菩萨的供品中不能缺少黄豆和笋干这两样东西。三牲福礼即猪头一只、鹅一只、羊腿一只。

鄞州龙观一带也有类似的习俗。在清明前几天将谷子浸种称之为孵秧子。秧子上放一张红纸，压一把镰刀称“催芽”。农村里一般会在孵秧子前聚餐，然后撒秧子。这之前要先择时辰，忌干支带“乙”日，秧谷装箩不能满，以讨

① 中华文化通志编委会. 吴越文化志[M]. 上海：上海人民出版社，2010：141.
② 张小梅. 中国考古地图[M]. 北京：中国言实出版社，2012：140.

“浅出满进”的彩头。出门时念“一担出万担进”吉词。秧子落田后，等到立夏前后把秧苗插到大田里，第一天插秧称“开门秧”，结束叫“关门秧”。农家在此两日用团子和笋两碟小菜慰劳雇工，表示团团圆圆、脚骨健之意。

人们还利用各种活动，祈求粮食丰产。

开“稻花会”游行是以前农耕社会的大型节庆活动，于每年早稻抽穗开花季节举办，祈求来年粮食丰产。

除了祈求活动，也有积极争取粮食丰收的行为，比如正月十四“烧蝗”。泗门人谢翘（1891—1965）的《泗门竹枝词百首》中，就有一首专门写到了民间正月十四“烧蝗”的风俗：

趯趯群蝗野外娇，火攻先夜试元宵。

世间蟊贼知多少，安得田中尽付烧。

作者的注解是：“乡人于正月十四夜用火照田间，谓可除一岁害虫，名曰烧蝗。”

宁波人还讲究善待粮食。旧时宁波民谚云：黄龙盘谷仓，青龙盘米缸。新年前几天对粮食表达敬意，是祈祷新的一年能有好的收成。

在宁波人的新年餐桌上，讨粮食丰收的口彩也是一件必须要做的事。清代朱文治的《消寒竹枝词》，有一首就描述了讨口彩的情景：

利市家家望岁除，有余自觉胜无余。

饭蒸作脯谐声读，村妇原来解六书。

“饭蒸作脯谐声读”，作者的注解是：“俗于年终淘米蒸之，谓之饭脯，陆续煮食，谐声取万年富之意。”有意思的是，这个习俗，至今在宁波，尤其是在慈城一带的传统家庭中，仍在沿袭。正月最初几天，要吃除夕夜蒸的米饭，这些“饭脯”，谐音“万富”，是新年最吉利的口彩。

3. 鲜活的稻作经验与气象谚语

除了历史悠久的稻作实践，宁波各地还产生了许多关于水稻生产的生产经验谚语，以下是余姚地区归纳的水稻种植经验[1]：

耕得深，耙得平，谷米吼处盛。

秧籽落缸，一百廿日上仓。

---

① 中国人民政治协商会议浙江省余姚市委员会文史资料研究委员会. 余姚文史资料：第4辑[M]. 杭州：浙江人民出版社，1987：152 — 154.

秧板平，秧苗齐。

好秧种好稻，边稻出稗草。

秧苗将起身，要请小点心。(拔秧前应施起身肥)

当日耖田当日种，隔日种田手指痛。

上午见谷，下午见秧。

七株匀，行仗平。

箩里得病，田里送命。

稻倒一半，麦倒全完。

晚稻不过秋，过秋九不收。

割稻不轻手，粒粒都要走。

人怕老来穷，禾怕寒露风。

早稻要抢，晚稻要养。

有秧勿可过粗，吒秧勿可过细。

好看苗田难为稻。

夏至耘头遍，无谷莫怨天。

浑水插秧，浅水耘田。

灯无油不亮，稻无水不长。

秧尖寸长要放水，晴天南风夜露芽。

鸭老无肉，稻迟无谷。

种田种到老，勿忘秧边稻。

宁可落夜，不可起早，早上是黄稻，晚上是青草。

白露白迷迷(或称笑眯眯，指连作晚稻)，秋分稻头齐，

寒露不出头，割了好饫牛。(饫：音于，喂的意思)

腐田浮约约，硬田揿到塥。(塥：音隔，熟土和生土分隔处)

早稻搭，晚稻插。

黄秧搁一搁，到老勿发作。

秋风吹十日，勿如夏风吹一日。

三耥九耘田，稻桶要掼穿；三耘九耥地，砻糠变白米。

根头一株草，赛如毒蛇咬。

根头摸一摸，一把烂泥一把谷。

早稻耳聋，越摸越通。

大水耘田一摸光，前头耘过后头荒。

秋草一擢，值钱一百。(擢：土话，一把的意思)

稻齐三届水：有，三届；呒有，摊一届。(届：意次数)

晒稻肚，白辛苦。

处暑根头白，亩亩少一石；处暑根头烂，好吃白米饭。

冬天灰缸满，秋后谷满仓。

夏至前壅稻，夏至后壅草。

人呒力，脸黄；田呒力，稻黄。

若要虫子少，削光田边草。

治虫无巧，动手要早。

树怕断根，稻怕枯心。

稻头崭崭齐，廿日上道地。

夏至见娘稻。

有稻无稻，霜降放倒。

多掼掼，打稻饭；多抖抖，打稻酒。

九分熟，十分收；十分熟，九分收。

好晚青，勿如烂秸秆。

好种种三年，勿选就要变。

新三熟，好方向，一年收到三季粮。

除了丰富的生产经验谚语，宁波各地还有长期积累的与稻作有关的气象谚语。

雨水惊蛰寒，芒种水淹岸。

清明浸秧，不用问爹问娘。吃哉清明饭，天晴落雨要出畈。

小满动三车（水车、油车、蚕车）。

白露雾迷迷，秋分稻头齐。

寒露过去是秋分，忙过秋收忙秋耕。

大雪封住户，犁耙拄大门。

冬至无霜雪，碓臼无糠粞。

吃了立夏蛋，天晴下雨要下畈。

立春到，雨水来。若得立春晴一日，农夫种田不费力。

春分有雨病人稀，豆麦蚕桑处处宜。

清明下秧籽，谷雨好个畈，立夏好种田。

清明起南风，田禾有收成。

立夏种棉花，勿用问人家。

小满天，哭连连。

端阳有雨是丰年，芒种闻雷喜亦然。

夏至西北风，瓜蔬遇杀凶。

夏至西南风，百作一场空。

夏至东南风，农家好收成。

夏雾扬扬，晒煞稻秧。

大小暑，猛日头，利五谷，迎丰收。

高秋无雨百日晴，万物从来少收成。

白露两头花，旺要做人家。

秋分天空白云多，田也欢来禾也歌。

独怕当日响雷多，收成少来米价大。

重阳无雨一冬晴，若闻雷鸣无收成。

冬至前后，滴水不走，阴无日色，来年乐煞。

小寒西风烈，六畜寒又饥。

小寒无雨雪，明年享太平。

早凉晚凉，晒煞稻秧。

六月盖被，有谷无米。

4. 根深蒂固的米食习俗

宁波人根深蒂固的米食习俗尤其体现在岁时节日里。

岁时节日，包括春节、立春、清明、端午、立夏、立秋、中秋、重阳、腊八、除夕等，在这些日子里，宁波民间有许多米食习俗。以年糕为代表的各色米糕无疑是稻作文化的精致化作品。

（1）春节

年糕是粳米制食品，有些地方习俗，春节期间要吃炒年糕，而且要将年糕作为下酒的菜，说是年糕下酒，新年会“又红又发”。酒后，一般不先吃饭，而是每人一小碗糯米汤团或酒酿汤圆，说是正月初一吃汤团，全家团圆，夫妻感情好（因糯米带糯性象征）。除糯米汤团、粳米年糕外，一般人家的餐桌上还有一碗籼米粉发酵蒸制而成的米馒头。这些点心，都是春节前蒸制的，米馒头一般都盖着红色的梅花印，取意一年“红发”到头。这种粳、糯、籼三米食品，民间称之为福禄寿三星，寄托着人们新年美好的追求和期望。

（2）元宵

元宵节这一天晚餐都以吃汤圆为主。一般家里人都要到齐一起吃。奉化民间有“正月半月占一年”的说法，“从正月初一吃糯米汤团，到元宵吃糯米汤圆，象征着全家一年到头团圆不缺人（指死亡），太太平平、顺顺利利过日子”①。

（3）清明和立夏

清明节吃的裹上米粒的青团，也被叫作“雪团”。

立夏节的米食品，典型的如奉化民间由糯米粉所蒸做成的卵形米制食品，有的拌和艾叶，俗称“米鸭蛋”，可称是米食品中的佳品，几乎家家都做。

■清明节的“雪团”

（4）中秋

在民间有中秋吃新稻米饭的食俗，还吃新米松糕、新糯粽子等。

① 上海民间文艺家协会，上海民俗学会.中国民间文化：稻作文化田野调查[M].上海：学林出版社，1994:102.

（5）腊八

腊八有吃腊八粥和八宝饭的传统。

过年时，烧年夜米饭，要拿出家里最好的米，或是籼米、粳米、糯米混合一起烧。民间称这“三米”混合饭为“三星高照”。

■ 米粉制“三牲鸡肉鱼”（丈亭糕老章产品）

另外，用米和米制品的祭祀习俗，要比节日中的米食习俗范围广。民间婚嫁、祝寿、添丁、乔迁、造房子等喜庆活动，无一不用米食品。

年节之时，人们总要以不同方式祭祀先祖，供上供品，三叩九拜。在供品中，本以猪头、鸡、鱼三牲为主，而小户人家则由米粉所制的三牲取代。

二、厚实的茶文化背景

糕点常作为佐茶的零食，因此有“茶食”的称号，在宁波境内就有响亮的“三北茶食”之称号。从文献上来看，点心与茶食两者原有区别，性质也不同，但是后来早已混同了。所以，在中国人的心目中，茶食往往是指点心。

“茶食，糕点之别称，最初流行于浙江宁波一带。宁波人喜欢做糕吃糕，糕点名目繁多，为简略起见，统称为茶食，以其可供喝茶闲食之用。”[①]在20世纪40年代，宁波就有“茶食业同业公会”，老字号“大有”“董生阳”“升阳泰”“方怡和”都是理事单位。到公司合营时期，茶食改称糕点。

可见，糕点业的发展与茶文化的兴盛是分不开的。宁波茶文化的厚实与兴盛，不仅在于它很早就有种植茶树、烧制越窑青瓷贡茶具和饮茶文化的茶之渊源，还在于它是中国茶和茶文化对外交流通商的重要茶路和茶港。兴盛的宁波茶文化为宁式糕点发展提供了厚实的背景。

1. 源远流长

2004年，考古学家在浙江余姚田螺山遗址发掘出了距今6000多年的茶

① 张哲永，陈金林，顾炳权. 饮食文化辞典[M]. 长沙：湖南出版社，1993：945.

树根。

浙江省文物考古研究所与中国农业科学院茶叶研究所于2015年7月1日联合宣布河姆渡文化田螺山遗址考古发掘和研究的一项重要成果：田螺山遗址出土的距今6000多年的山茶属树根，经专家综合分析和多家专业机构检测鉴定，被认定为山茶属茶种植物的遗存，是迄今为止我国境内考古发现的、最早的人工种植茶树的遗存。

宁波（明州）自汉始已有饮茶。茶在汉时不仅作为一种饮料，而且已成为一种商品。但饮茶风尚之盛莫过于唐。唐代陆羽的《茶经》一书，形容当时饮茶风之盛时说："两都并荆渝间，以为比屋之饮。"

2. 绿茶主产区

（1）300余年的贡茶历史

贡茶是古代朝廷用茶，供皇宫享用。据《中国茶叶通史》和《全国地方志茶叶生产资料集》记载，古代宁波盛产贡茶，以当时的慈溪县区域为主，其他省府几乎难与它匹敌。①

宁波贡茶的盛况呈现四个特点。

一是时间久长。志书记载，宁波贡茶从元初（1271年）开始，到明代万历二十三年（1595年）为止，历时长达300余年。

二是数量众多。"每岁额贡茶芽二百六十斤。"据清人《棘林杂俎》记载，出产名茶的江西九江府贡茶岁额也不过120斤，而宁波府的慈溪县竟超过九江一倍多；若以县论，浙江茶叶产地桐庐、建德，每县贡茶不过五斤。

三是制作讲究。在制茶局负责监制贡茶的，为当地知县。每年清明前一天，知县从县城来到车厩岙，至谷雨才能回衙门。所采全为茶芽，采摘的人多为豆蔻年华的处子。

四是质量优异。贡茶原产地在车厩岙及其附近，车厩为越王勾践停车秣马之地，地处四明山北麓、河姆渡南翼，那里群山叠翠，山泉汩汩，气候湿润，形成独特的产茶小气候。时至当今，西起陆埠，经车厩、大隐，直至乌岩瞭舍，仍有名茶迭出。

---

① 中国国际茶文化研究会浙东茶文化研究中心，宁波茶文化促进会. 茶韵[R].2005：54.

（2）名茶的主要产区

唐宋时代明州（宁波古称）就是名茶的主要产区。

唐代“茶圣”陆羽撰写了世界上第一部茶书《茶经》，它不仅把唐代饮茶文化作为一种精神生活的组成部分，而且将茶分为“上、次、下，又下”几个等级，其中“浙东：以越州上，余姚县生瀑布泉岭，曰仙茗，大者殊异，小者与襄州同。明州、婺州次，明州鄮县生榆荚村……”[①]（在唐开元二十六年（738年）前还没有明州，统称为越州，开元二十六年后，将越州之鄮县划出成立明州）。

陆羽这一记述说明，现今慈溪、余姚、鄞州等地，唐时就产好茶。南宋建都临安的150余年间，浙东茶事兴隆，余姚、奉化、慈溪、鄞县以及后划入宁波的宁海都产有名茶，有的是上贡朝廷的“贡茶”。据《宋会要稿·食货二十九》记载，明州地区的茶产量是两浙东路首位。

目前，宁波的名茶有望海茶、瀑布仙茗、奉化曲毫、东海龙舌……名茶多，产茶的地方更多，从余姚到奉化，从江北到东钱湖，茶叶成为农业增效、农户增收的传统经济作物。据报道，宁波市现有茶园21.32万亩[②]，2016年总产量1.87万吨，总产值8.1亿元，其中名优茶2356吨，产值5.78亿元。福泉山茶园、余姚大岚高山云雾茶之乡、宁海茶山千亩有机茶园、奉化南山茶场等已成为海内外游客的观光胜地。

晚清，宁波的茶馆业发展比较兴盛。“到了晚清，茶馆成为社会生活中不可缺少的一个重要内容。”“这一时期茶馆开设得特别多的，大概要算中国最先进的地区江苏和浙江。在浙江省的宁波、杭州、湖州、嘉兴、绍兴都有为数众多的茶馆，杭州西湖畔为风景名胜之地，高级茶馆鳞次栉比，器用精致，装饰豪华。通商口岸宁波多有‘宏大美丽’的茶馆。”[③]

目前，宁波的茶馆业也在逐渐扩展中。尽管茶馆在宁波城区的分布比较分散。“这种分散性在一级至三级地价区域内表现得最为明显，分别为29家、19家、20家。”[④]但茶馆是茶叶、糕点的消费场所，也是茶文化、糕点文化传播、

① 陆羽，陆廷灿，曹海英．茶经·续茶经[M]．哈尔滨：北方文艺出版社，2014：31.

② 1亩=0.067公顷。

③ 焦润明，苏晓轩．晚清生活掠影[M]．沈阳：沈阳出版社，2002：117.

④ 王益澄，马仁锋，邓星月，等．港口城市的空间结构及其影响研究：宁波实证[M]．杭州：浙江大学出版社，2014.

展示的平台。

较有特色的茶馆有“宁波茶文化博物院致清堂茶馆”。“宁波茶文化博物院”由“宁波茶文化促进会”举办，开设在月湖景区，展示宁波的茶史、茶事、茶叶、茶器等。

3.“海上茶路”起航地

明州港作为“海上茶路”启航地，通过使舶和商船，将茶叶、茶皿以及茶文化传播到东北亚的朝鲜半岛、东亚的日本列岛以及东南亚等地区，直至远到非洲。

“唐永贞元年（805年），日僧最澄携天台山、四明山茶叶、茶籽，从明州（宁波）回日本。是为中国茶种传播海外的最早记载。”[①]唐、宋时，明州就是中外贸易重埠。当代宁波再创辉煌，2010年前后，月均出口茶叶在万吨左右，约占全国出口总量的四成。

2013年4月24日，在宁波举行的“海上茶路·甬为茶港”研讨会上，90多位海内外专家、学者，一致通过《“海上茶路·甬为茶港”研讨会共识》，确认宁波是中国历史上输出茶叶年代最早、时间最长、数量最多、影响最大的港口。当代宁波港仍是主要茶叶及瓷器（包括各种茶具）出口港，近年每年出口茶叶12万吨左右，约占全国茶叶出口量的三分之一。

4. 茶器——瓷器文化发达

随着饮茶风尚的盛行，茶具就成为不可缺少的用具，这就有力地刺激了越州瓷器茶具的生产。

茶具，是指与泡茶饮茶有关的专门器具。优质茶具能衬托茶汤的液色，保持浓郁的茶香，是领略品茗情趣不可少的。浙东地区古代生产的茶具，一直以瓷质料的茶具占主导地位，这与国内外闻名的越窑制瓷手工业的发展紧密相关。

“盘、碗往往组成茶具，它的历史较早，后来出现的盏托，即为以前的盘（或称衬垫盘）、茶盏（碗）组成的茶具。这类茶具在古代越州、明州（即今宁波市上林湖、东钱湖和上虞、绍兴等地）的生产历史已相当悠久。从大量考古资料表明，盏或碗配托盘，这种器物东汉晚期和吴、晋墓葬中常有出土，镇

① 竺济法.“海上茶路·甬为茶港”研究文集[M].北京：中国农业出版社，2014：1.

海区汉墓中出土的盘上置耳杯与碗，既是饮酒的器具，也是饮茶的用具。”

“到了南朝时，尤其是梁武帝时代的天监年间，宁绍地区的萧山、上虞、上林湖、宁波江北云湖等地设窑烧造茶具已十分精致，这些盏托实物的大量制作与出土，正反映了饮茶已成为人们一种嗜好。……浙东作为盛产茶叶之地，盏托这种新式茶具也就应运而生。”①

三、特色的节庆与好祀的风俗

每逢传统佳节、喜事庆典等都离不开一个“食”字，因此，宁式糕点与全国各地的风味食品一样，既是物质的，更是一种表情达意所寄托的文化。宁波民间千百年来的特色节庆与好祀风俗与糕团结下了不解之缘。

1. 与众不同的民间节日与节俗

宁波民间有许多与动植物、神仙有关的节日，体现了人们的信仰及对大自然的感恩之情。比如：二月初二“麻雀节”、三月十九“太阳生日”、四月初八“牛生日”、五月二十五“谷神生日”、五月十三“关帝生日”、六月初六“黄狗猫生日”、八月二十四“稻生日”、腊八“佛祖释迦牟尼成道日”、腊月十二“蚕花姑娘生日”等。②

“八月初三，传为灶神诞。乡间以新早稻米磨粉，渗（掺）以早稻草灰汁，加糖，做成半圆形米粉馳（粿）蒸熟，叫灰汁团。掏新种芋艿做菜，祀灶神，俗称‘尝新’，亦称‘开芋艿门’。”③

宁波一年中的三大节日，即端午节、中秋节、春节也有与众不同的习俗讲究。

端午节“争画船”。“争画船，抢老酒，走亲戚，看戏文”，是对老宁波端午节的描写。宁波旧称赛龙舟为“争画船”，有专门的画船菩萨殿，赛前有画船菩萨出殿巡游活动，鸣锣开道，放炮放铳，热闹非凡。

中秋节八月十六过。各地都在八月十五过中秋，宁波却是八月十六过。其原因有多个传说：勾践孝母说、史浩孝母说、方国珍孝母说、赵文华返乡说、宋高宗避难说、梁山伯殉职说、四明光复说、史弥远罢职返乡说、戚继光

① 林士民.青瓷与越窑[M].上海：上海古籍出版社，1999：238-239.
② 涂师平.羽人竞渡：宁波发展史话[M].宁波：宁波出版社，2014：215.
③ 俞福海.宁波市志：下册[M].北京：中华书局，1995：2823.

抗倭说，还有方国珍防元军偷袭、赵文华充军、杨镇龙起义等。节日传说多、人物多，涉及的历史人物上溯春秋战国，下至元明。

宁波中秋的食俗，除通常的月饼外，也非常有特点，以米制品为特色，比如新米松糕、新糯粽子，体现了稻作文化的深刻烙印。有竹枝词云：

黄姑祠下画船新，击楫沿洄捷有神。

村户尽包新糯粽，舟人但着短梢裈。

流传于奉化一带的《十二月风俗歌》唱道：

八月十六中秋天，月饼馅子裹得甜；

新米松糕红印戳，四亲八眷都送遍。

2. 好祀风俗

祭祀是中国文化中最早的礼仪之一，有2000余年的历史。古往今来宁波民间一直沿袭着祭祖、求神拜佛的习俗。

（1）祭祖

祭祖主要有清明羹饭、七月半羹饭 、冬至羹饭、过年羹饭四次。尤其以上坟祭祖、做清明羹饭为重。海内外游子清明时节多归故里上坟。祭祀食物除了各类菜蔬，必有时令糕点。宁波人上坟的节令食品为青糍、麻糍、乌米饭糕。麻糍要切成菱形。

清代徐镛的《山前竹枝词》云：

祀重清明俗久沿，餈和菁叶始何年。

邻家姐妹携篮采，不惜新鞋踏远蹊。

七月十五为中元节，俗称七月半。民间受儒家影响，有丰收后祭祀祖先、祈求来年好收成的习俗。而七月中旬正好是夏收过后的第一个月圆之夜。

光绪《慈溪县志》云：“新谷既登，皆先荐祖先然后食，各家以牲醴、羹饭祀祖先。”谓之秋祀，俗称“七月半忌日”。

七月底祭祀地藏王，张延章的《宁波十二个月竹枝词》写道：

七月秋风海角凉，儿童竞插地藏香。

连宵焰口江心寺，万盏红灯放水乡。

冬至前后各家备香烛祀祖先，谓之“冬祀”，俗称“冬至忌日”。张延章的《宁波十二个月竹枝词》还写道：

十一月当正冬至，大家祭祖集祠堂。

后先三日间阁闹，掉过泥神掉灶王。

是时用绿色的香烛，以示“无火烛之患”。

旧时冬至日各家以芦稷粉搓圆子，叫“芦稷汤果”。后逐渐改为糯米粉圆子，加番薯粒，叫“番薯汤果”。先供灶神、祭祖先，再全家吃。大族开祠堂门，具牲礼神祭祖，按丁分麻饼（吉饼）或分碗，女性不计在内。分盖有蓝印的冬至馒头。

大户人家在家祭祖，做“冬至羹饭”。

年前的大事就是“谢年”。“谢年”是表示宁波人对大自然的年终感恩，对祖先的告慰，也是对来年吉祥如意的祈盼。“谢年”也叫“谢年羹饭”。一般人家用五个祭盘。祭盘是红色的圆形木盘。祭盘上是祭品。中间一盘是一只猪头，称为“利市”，是吉利的意思，办不到猪头的用一刀肋条肉代替。另一盘是一只大公鸡，或者是两只较小的公鸡，但母鸡是不用的。以上两盘是熟食，其余三盘是生料。一盘是两条鲢鱼，象征岁岁有鱼（余），朱炯收集的清代宋梦良所著《余姚竹枝词》中，就有一首这样写道：

黄历翻完逼岁除，谢神挨家买鲢鱼。

这说明谢神必用鲢鱼；一盘是蚶子，象征对本对利；最后一盘是年糕，象征生活年年高，年糕三四条一排，纵横交错地叠起来。

桌前摆放香炉和烛台，还放年糕粉做成的“元宝”。桌的四周放酒杯和筷子。整个桌面摆得满满当当的。有些地方，比如余姚罗江一带，祀毕，家人和亲友共同食饮，谓“送年年糕汤”。

（2）祭神

宁波民间，信仰丰富，在相关的日子人们要祭送谷神麻雀、祭耕作神牛大王，要请龙、祭山神、祭土地神、祭树神、祭石神、祭佛、道神祖、祭秧姑和稻花仙姑，还要祭田公田母、祭床公床婆等。

其中，“祭灶”与“送年”是两次大祭。

农历的十二月廿三，每户人家当晚就要用“祭灶果”供灶君生日。“祭灶果”是宁波特有的，它是由冻米糖、脚骨糖、红球、白球、麻球、油果等混合而成。当供桌上的蜡烛快燃尽时，大人就把厨房大灶上神龛里的灶君菩萨请下来，连同一匹“灶马”用蜡烛火苗点着后送上天。然后，马上把“祭灶果”分给孩子们吃。

在这些祭神仪式中，各色米糕各有用意。

比如祭秧姑和稻花仙姑时用连环糕取意“连怀”，即稻花连连孕穗的意思，用糯米麻团则取谷粒沉甸饱满之意。

祭田公田母时，三盘糕点缺一不可。这三盘糕点，“一是粳米粉蒸制成的米糕；二是籼米粉发酵蒸制的米馒头；三是用糯米和黄糖做成的糯米麻团。据说这三种米制食品各包含一种含义。米糕其意为产量高；米馒头其意为稻苗发棵发得好（即长得快）；糯米麻团其意为谷粒长得如糯米麻团一样结实沉甸”[①]。

---

① 上海民间文艺家协会，上海民俗学会. 中国民间文化：稻作文化田野调查[M].上海：学林出版社，1994：112.

第三章 宁式糕点的文化记忆

第一节 宁式糕点与民俗

一、糕点与节庆习俗

宁式糕点自产生以来，便逐渐成为人们庆贺节日的食品，人们在糕点里寄托和表达了纪念、思念、希望等感情。

宁波的民间习俗，历来都极其重视四时八节的祭神拜祖。旧时的宁波一年有二三十个节，糕点往往被作为时节祭神拜祖的必备祭品，将节令文化与传统美食结合起来。春节做“年糕”，二月二做“抬头糕”，重阳节做“重阳糕”，冬至包团子……

糕点寄托着人们的美好愿望，往往寄寓了好兆头，比如用年糕寄托年年高，用发糕寄托兴旺。这些糕点既增添了节日气氛，又抒发了人们的感情。

每逢四时八节，做糕点、吃糕点成为宁波人生活中一项必要的活动。

清代余姚人翁忠锡的《姚江竹枝词（其一）》对此有很好的描写：

> 清明艾饺端阳粽，重九花糕论担挑。
>
> 只有年糕时节早，摆摊摆到小春朝。

1. 新年吃汤团，分“拜岁饼”

宁波人新年第一餐早饭通常吃的是汤果和汤团。全家老小围坐一起，象征着从新年第一天起一家团团圆圆。同时，因糯米带糯性，吃汤团也被比喻为夫妻感情牢固。

张延章的《鄞城十二月竹枝词》第一章曾记载：

> 正月人家要拜年，衣裳都换簇新鲜。
>
> 花生瓜子先供客，待煮汤团乞少延（少延：稍等一下）。

戈鲲化的《甬上竹枝词》中也有：

> 岁朝早起整衣裳，饼果汤团荐影堂。

■ 汤团（王升大产品）

早饭后，大家集中到祠堂里或堂前拜太公。堂前正中悬挂太公、太婆像，不管祖上有没有做过官，画像上的太公都身着官服，太婆头戴朝珠。关于挂祖宗画像一事，倪承灿《蛟川新正竹枝词》“挂像”写道：

瀼瀼春露感情兴，一轴遗容祖爽凭。

瞻拜登堂符岁例，留将记念付云仍。

桌上陈列着供品，大家依辈分依次跪拜，然后由长辈分发麻饼，麻饼也叫“拜岁饼”。

一直到元宵节也吃汤团。“从正月初一吃糯米汤团，到元宵吃糯米汤圆，象征着全家一年到头团圆不缺人（指死亡），太太平平、顺顺利利过日子。”①

2. 二月二吃大糕、馒头

农历二月二吃大糕、馒头，寓意是希望大糕、馒头能带来平安健康。因为春夏之际雨水较多，天气变化无常，常言道“春天孩儿面，一天十八变”，再加上过去生活条件差，没有天气预报，不知一天里的天气变化，出门干活如果没带雨具，或没有像样的雨具可以带，常常会被雨淋湿。农民希望被雨淋湿后，平安无事，身体仍然健康，所以在象山泗洲头镇一带，至今还流传着农历二月二吃大糕、馒头的风俗习惯。

二月二吃的大糕、馒头不是新做的，也不是市场上买的，一定要是过年吃剩下的。人们把大糕比作蓑衣，把馒头比作笠帽，寓意是能防御大雨的侵蚀，不会被淋伤。到了二月二这天，主家把过年时贮藏的大糕、馒头拿出来，用手掰碎后放锅里炒，炒咸炒甜都可以，看个人的口味。炒好后这一天的三餐都吃，可以当主食吃，也可以与其他的饭菜同吃，一般没有禁忌。

大糕、馒头都要点上铜青（发黑），才能体现出大糕是蓑衣、馒头是笠

① 上海民间文艺家协会，上海民俗学会. 中国民间文化：稻作文化田野调查[M]. 上海：学林出版社，1994：102.

帽。[1]从当代营养卫生的角度看，这是不可取的。

3. 清明吃青团

清明前后，宁波各地均有做青团的习惯。此时节，田野里艾草一丛丛，碧绿生青，清香扑鼻。摘新鲜的艾草，取其叶子，开水里汆一下，然后捣成泥，和上糯米粉与粳米粉，再包裹上自己喜欢的馅子，甜的多用芝麻猪油馅，咸的用咸菜笋丝馅，上锅蒸熟，香糯可口，是这个季节的美食。

艾草，性温，人们认为在多雨的季节，适量食用艾青团可以去湿气。而在一些地方，比如慈城一带，艾草，也叫作艾青，谐音“念亲”，清明吃青团，难道不就是在这个特殊的节气里怀念亲人吗？

■ 青团

4. 立夏吃艾米鸭蛋

立夏起，昼长夜短，气候转暖，农事逐渐繁忙，为了补充长工、作头的体力，主人家总要做些点心送到田头给他们充饥，这中间有一种点心叫艾米鸭蛋。

艾米鸭蛋形如鸭蛋，是用粳米、糯米拌上艾叶制成，它既耐饥又清火，经济实惠。因时值立夏前后，久而久之，成了立夏食俗。

立夏吃艾米鸭蛋的习俗到底源于何时已无法考证。但在大堰一带这一习俗一直流传，时至今日还经久不衰。[2]

① 宁波市文化广电新闻出版局.甬上风物：宁波市非物质文化遗产田野调查·象山县·泗州头镇[M].宁波：宁波出版社，2009：93.

② 宁波市文化广电新闻出版局.甬上风物：宁波市非物质文化遗产田野调查·奉化市·大堰镇[M].宁波：宁波出版社，2009：73.

当地还有立夏节吃艾米鸭蛋能使身子骨强壮硬朗起来的说法。

5. 端午吃碱水粽、乌馒头

粽子，是端午的食品。在宁波以前是主妇们自家裹的。宁波城中曾举办过端午粽子赛会，宁波的巧妇们将在家中预先做好的粽子集聚一堂，供宾客们观赏品评。粽子的样式有鸳鸯枕、凤头、莲船和石榴，争奇斗艳，令人目不暇接。粽子馅有荤有素，味道有甜有咸，五味杂陈。最终，赛会评定莲船式样为最佳，该粽长约0.3米，粗如玉臂，内掺白糯米、栗子肉、火腿、鸡丝，外裹箬壳，扎以彩绳，编成“请尝”“端阳”字样，有棱有角，悦目动人。入水煮熟，去箬切片，盛于瓷盆，遍尝亲友，味极鲜美。

■ 碱水粽

有人赋诗赞云：

未曾剥壳香盈溢，便经入腹齿犹芳。[①]

而吃碱水粽是宁波地区最有代表性的端午食俗。宁波民谣《十二月节气歌》中有“五月白糖揾粽子，六月桥头摇扇子”，以及“酒入雄黄粽子香，要尝味道到端阳”的说法。宁波的粽子与别处略有不同，用的粽叶是老黄箬壳（毛竹壳）或青竹壳，不像别处用芦苇叶、菰叶（茭白叶）、芭蕉叶等裹扎。人们在端午的前一天裹好粽子，放在大灶锅里焐上一夜，第二天一早揭开锅子，腾腾的热气和诱人的粽香立刻扑面而来。剥去箬壳后的糯米粽，因碱水浸泡的缘故，晶莹剔透犹如田黄石，清香扑鼻，蘸上少许白糖，吃起来又糯又稠，滑溜爽口。

象山南田岛过端午节的主食就是粽子，粽子有咸有甜，按粽馅分，有肉粽、豆粽等。邻里亲友互相赠送，以联络感情。“粽”与“宗”同音，有认宗

---

① 胡元斌.端午节与龙舟文化读本[M]. 奎屯：伊犁人民出版社，2015：46.

■ 乌馒头（2017年11月4日摄于食博会）

的意思。

慈城一带到了五月端午节则兴起乌馒头热。所谓乌馒头，就是用麦粉发酵，再掺以白糖黄糖蒸制而成，用白糖的称为白馒头，用黄糖的称为乌馒头。一般讲究吃的人还（是）喜欢吃白馒头，因为用白糖制的比用黄糖制的味鲜可口，尤其是那馒头顶上的一点糖浆，特别耐人口味。与乌馒头同时上市的，还有一种叫蜂糕，它的做法和乌馒头相似，但它不是一只一只的，它的形状，却像大圆形的大饼，销售时把它切成一爿一爿的，上面再敷以红丝绿丝，样子煞是好看，真是色香味俱全。这种产品，主要在端午节前后销售，过了端午节，销量便逐渐减少了。这便是所谓应时的茶食。[①]

6. 七月半制作灰汁团

相传明朝中期，老百姓为了祭祀祖先就开始制作灰汁团，那时新米上市，人们将新米做成点心让祖宗尝鲜以表孝心。曾流传一句民谣："七月半，老三人客拿银子。"灰汁团是农村七月半拜祭祖先的必备之物。此习俗一直流传至今。[②]

7. 立秋磨立秋粉

到立秋，宁波部分地区有磨立秋粉食用的习俗。立秋粉是将糯米或粳米炒至发黄，放入红糖、胡椒或核桃肉，然后用石磨磨成粉。这种炒米粉民间称为"立秋粉"，据说有食疗功能。

① 宁波市江北区慈城镇文联. 慈城：中国古县城标本：下册[M]. 宁波：宁波出版社，2007：463.

② 宁波市文化广电新闻出版局. 甬上风物：宁波市非物质文化遗产田野调查·奉化市·松岙镇[M]. 宁波：宁波出版社，2009：75.

8. 中秋月饼、水潺糕、云片糕

中秋节，宁波流行多种特色糕点。

余姚旧属绍兴府，流行于慈溪余姚的中秋糕点，有一种叫作红绫饼。那是将酥皮烤成金黄色，正中间敲上红印，再在饼上盖上红绫，所以叫作“红绫饼”。它一般用豆沙、白砂糖做馅料，还要加上桃仁、金橘等辅料，吃起来酥松香甜。周作人曾说：“红烛高香供月华，如盘月饼配南瓜。虽然惯吃红绫饼，却爱神前素夹沙。”这诗里提到的就是越地的中秋习俗。“同样也把孩子们在祭月时的喜悦与追求，作了淋漓尽致的描绘。”[①]

宁波民间流传着这样一些老话：“八月十六中秋天，月饼馅子嵌嘞甜；新米蜂糕（又称水潺糕）红印添，四亲八眷都送遍。”“鸭肉骨头水潺糕，八月十六等勿到。”足以说明水潺糕是宁波人过中秋的节令食品。

1、2. 水潺糕
3. 红糖水潺糕（宝舜食品供图）

① 绍兴鲁迅纪念馆. 先生是我引路人[M]. 杭州：西泠印社出版社，2014：32.

镇海、北仑、象山一带流行中秋吃水溻糕的习俗。水溻糕是一种白色的用米粉发酵做成的糕点，也称水沓糕或白米松糕。水溻糕是从质地上起名的，宁波话“水溻涝灶”的意思是潮湿。

水溻糕是一个大如锅盖的一寸厚的圆饼，形如满月，然后切成菱形小块，称为“碎月”。无论满月还是碎月要的都是天人合一。

苔条月饼是宁波中秋美食中的经典，是宁式月饼的代表，名声在外。宁波人称苔菜为“苔条”。苔条月饼选用优质冬季苔条为料作馅，苔菜细嫩色绿，皮馅各半，果仁清晰，酥皮光洁，层次均匀，口感精致，酥软白净。上等的苔条月饼除了苔菜外，还配以芝麻油、芝麻、瓜子仁、桃仁等馅料调成椒盐味，馅料有浓郁的麻油香味，甜中带咸，咸里透鲜香，间杂细腻的花生果仁粒，咬上去，满口咸鲜苔条香，还有浓浓的桂花味。

这种传统，还由宁波帮传入上海等地，上海的大同南货商店，特别在中秋节，“宁式月饼品种齐全、琳琅满目。其中：苔条月饼油而不腻，入口香醇，富有宁帮风味，是最受欢迎的品种之一”[①]。

云片糕，老宁波又叫雪片糕，因其片薄、色白、质地滋润细软而得名。用以制作云片糕的原料繁多，工艺极为讲究。主要原料有糯米、白糖、猪油、芝麻、桂花香料等十来种。每种原料都要挑选上品。质量好的云片糕看上去洁白如雪，手感柔软而有弹性，可以一片片地撕开且不断，闻着带有桂花清香，吃到嘴里细腻香甜，久藏不硬。刚刚做好的云片糕尤其好吃。

云片糕，过去有不同的口味，如核桃味、桂花味等，它曾是宁波人中秋拜月上乘的供品之一。到了节前数天，许多人都买云片糕，除了自己食用，还用来馈赠亲友。分散在各地的老宁波生意人，每到中秋前夕，总会委托乡人捎带来云片糕，以慰思乡之情。

9. 重阳吃花糕

宁波老话说“八月十六水溻糕，九月初九重阳糕”。重阳节，人们把重阳糕制成五颜六色，还要在糕面上撒上一些木樨花，故重阳糕又名花糕。

九月初九天明时，以重阳糕搭儿女额头，口中念念有词，祝愿子女百事俱高，乃古人九月作糕的本意。讲究的重阳糕要做成九层，像座宝塔，上面还

① 张庶平，张之君. 中华老字号：第1册[M]. 北京：中国轻工业出版社，1993：395.

■ 云片糕（林旭飞2018年12月3日摄）

■ 重阳糕

做成两只小羊，以符合重阳（羊）之义。

在慈城，则兴吃栗糕。“栗糕是用晚米粉做成的，有用黄糖做的和白糖做的两种。米粉和好后，揉成饼状，上层敷上白芝麻，再嵌以栗子、枣仁、百果红绿丝，下面用箬壳为底。其不但颜色鲜艳，而且口味极佳，至今思之，尚且垂涎三尺，可见其味之佳也。”①

10. 冬至吃汤团、番薯汤果

冬至被视为小团圆日。

宁波人有冬至日早晨吃番薯汤果的习俗。早些年，宁波人爱吃汤果，并把它作为喜庆节日或招待宾客的民俗礼制中必备的甜点。汤果是用纯糯米经水磨制作而成。糯米又香又糯，却因产量低而显得尤为珍贵，所以一般人家只能在合家团聚的佳节才有共享汤果的口福。平日里，勤劳节俭的巧妇们就会尽量少用糯米，或者用杂粮代替糯米，制作出别具特色的美味汤果来，可以让全家老少大快朵颐，这就是番薯汤果。糯米四成，番薯六成，先把糯米水粉搓成汤果粒待用，把鲜番薯去皮切成汤果粒两倍大小的丁，把薯丁随冷水落镬煮至熟透，然后氽入汤果粒，待汤果熟后，再投入浆板、食糖、糖桂花等，加盖片刻，就煮成了香甜可口的番薯汤果。

而在宁海一带，冬至这天中午做冬至汤圆祭祖。冬至汤圆有咸有甜，十

① 宁波市江北区慈城镇文联. 慈城：中国古县城标本：下册[M]. 宁波：宁波出版社，2007：463.

分精细。冬至那天，各家各户都做冬至汤圆，每户都会准备糯米粉，买好料理。用肉、黄花菜、青菜……炒“咸炒圆”，用细豆沙或麻沙制成甜汤圆，各户用冬至汤圆请老太公（祖宗）保佑本户身体健康，万事如意。各家用冬至汤圆祭祖一次，表示人们吃了这次冬至汤圆又长了一岁，下一年又要开始了。也有几岁人吃几个冬至汤圆的说法。

11. 十二月廿三做祭灶果

在宁波祭灶的时间有三次，第一次是八月初三，说是灶君生日，每户人家用糕饼果点祭灶君，以素食做菜，点香。

第二次是十二月廿三，谓“送灶日”。这一天是灶神菩萨上天的日子。据说灶神要上天在玉帝面前报告人的善恶，百姓们害怕灶神在玉帝面前说坏话，因此，这一天，家家户户都要把灶台擦得干干净净，锅碗瓢盆都重新清洗一遍，点香插烛，把供品摆好，放上祭灶果。祭灶果花色繁多，里面有红球、白球、黑白芝麻糖、米胖糖、油枣等。因灶神能掌管一家祸福，所以在灶神的两边贴有对联“上天言好事，下界报平安”。

第三次祭灶是除夕晚上，说是灶神从天上回来，带来新一年的福音、新一年的昌盛。把新的灶神像贴上，再把供品供上，香烛点上，这叫“接灶”，灶神又要执掌新一年的吉凶祸福，这时又需虔诚膜拜。

在象山爵溪则有十二月廿四请灶神菩萨吃萝卜团的习俗。

十二月廿四是爵溪老百姓特有的节日，当地家家户户做萝卜团。一是为了请灶神菩萨，二是为了感谢长工一年的辛勤劳作。新中国成立后，虽然长工已不复存在，但做萝卜团的习俗却流传了下来。

每年十二月廿四夜是传统新旧灶神“换岗接班”之时。做好萝卜团蒸熟后先放在灶头上。过去大多用的是柴火灶，灶头上贴灶神像。据说灶王爷是玉皇大帝封的“九天东厨司命灶府君”，负责管

■ 祭灶果

理各家的灶火，因此灶王爷被人们看作是一家的保护神。每年腊月廿四日，灶王爷都要升天向玉皇大帝汇报这一家人的灶火情况，玉皇大帝据此确定这一家人来年的吉凶祸福，因此灶王爷对于一家人的命运来说是很关键的，所以在他升天之时，民间都要“送灶”。送灶一般在黄昏时举行，一家人到灶房恭恭敬敬地上香，摆上糖果、萝卜团等祭品，然后将灶王神像揭下，放入火中烧掉，灶王爷便随烟雾一起升天了。送灶神后就打扫房间，清洗器具、拆洗被褥、洒扫庭院（谓之掸尘），欢欢喜喜地迎接春节的到来。

据传，历史上长工为雇主捣好过年年糕和各种点心后回家过年，留下粉头，以示来年有奔头。新中国成立前，地主为自家请的长工一年辛劳而做萝卜团，一示感谢，二图吉利。①

12. 十二月“挨家挨户做年糕”

张延章的《鄞城十二月竹枝词》对此做过一番描述，他说：

十二月忙年夜到，挨家挨户做年糕；

送年送灶事才了，又把门神贴一遭。

13. 除夕切压岁糕

大年三十，祭祀完毕 ，全家人吃团圆饭，饭菜相当丰盛，大人还鼓励孩子多吃点，所谓“三十夜的肚，十四夜的鼓”，“要吃三十夜，要睡冬至夜”。“晚饭后长辈还要给小孩分压岁钱，孩子跟着大人给石磨、捣臼、米缸分压岁糕。”②即在家中大小用具什物旁，如灶头、菜橱、眠床、菜桌等，放些糕点，亦称压岁。

二、糕点与人生礼俗

宁波人民热爱生命，注重生死。在人的一生中，从婚礼到生育到寿庆等各个阶段，比如“求子”“催生”“送生姆羹”“满月”“百日”“周岁”等，都为百姓所关注。人生礼俗风远俗长。糕点在其中有各色用途、各种寓意，可谓寄礼于食。

① 宁波市文化广电新闻出版局.甬上风物：宁波市非物质文化遗产田野调查·象山县·爵溪街道[M].宁波：宁波出版社，2009：67.

② 宁波市文化广电新闻出版局.甬上风物：宁波市非物质文化遗产田野调查·象山县·定塘镇[M].宁波：宁波出版社，2009：132.

1. 婚礼糕点习俗

结婚是延续人类生命的第一个环节，是人一生的重中之重，故人们在谈婚论嫁的过程中有着烦琐的婚姻礼俗。而所有礼俗的目的只有一个，就是祝愿婚姻美满，家庭和睦，希望早日传宗接代，并给孩子营造一个良好的生存环境。

宁波旧式婚礼有各种仪式礼俗，其中糕点也是主角，含义丰富。

（1）轿前担中麻团上百成双

成亲前三天，男方要给女方送一担办“待囡酒”用的食物。其中：猪肉一格（半只）、羊一头、猪肚一只、大黄鱼一对；山珍海味有冬笋、栗子、蚶子、蛏子，另有鸡蛋（不少于36只），这五样称为“壳货”；大白鹅一只、鸭两只（象征大雁成双）、牛肉八斤、四时鲜果、时令糕饼、什锦小糖、高档香烟等；黄酒二埕、四埕、六埕、八埕不等，须成担；36只以上麻团，要成双。除黄酒外，所有物品均装入杠箱和米箩中，或抬或挑，送到女方家中。此担又名“肚痛担”，是答谢女方父母养育之恩的意思。麻团每只大小相同，高低统一。

（2）安床挂粽子

宁波的风俗是要择定良辰吉日，在婚礼前数天由专人（一般为老婆婆）将婚床安置好，俗称“安床”。

安床时，老婆婆先在床上挂起黄色“福布”，祈求床公、床婆保佑平安。把一袋芋种或谷种放在床底下。在床垫下放上几根稻草、5个铜钱，取24双筷子，用红线扎好塞在床垫里，再垫上女方送来的三只新麻袋。然后铺好新床单，铺开新做的龙凤被（被面上绣有百子图或龙凤花卉），再放上合欢枕（枕上绣有鸳鸯戏水图案）。最后，在床架内悬挂一个大粽子、五只小粽子，帐钩上挂一对百子千孙灯，枕头边放一对装有红枣、花生、瓜子之类点心的红香袋，即所谓床头果。

其中，稻草和铜钱是生活的根本；谷种芋子表示多子多孙；24双筷子代表24个节气，“筷子”与“贵子”音近，也含连生贵子的意思；麻袋表示代代相传；粽子与种子谐音；床头果既是新婚夫妻的夜宵，也用来招待第二天一早前来吵房的客人。

（3）“享喜礼”，吃享喜汤果

“享喜礼”的含义是把祭品和佳肴献给喜神，祈求庇荫保佑。

婚礼前一天晚上，亲戚中的女眷要聚在一起做享喜汤果。汤果的主料是水磨糯米粉，形状及大小如玻璃球，象征团团圆圆。享喜汤果是“享喜礼”的第一碗点心，也是祭祀仪式中不可或缺的点心，所以有许多讲究。第一步要做一盘祭喜神的生粉汤果，放到祭天高桌上，然后把其余粉团搓圆，放在团箕上；第二步要用大锅把汤果烧熟，并在汤里加少许酱板酒娘（即已经发酵的原汁米酒）；第三步分食，其中第一碗供灶山菩萨，再盛十二小盏供祖宗大人，其余给在场的众人或亲友当早点。

祭喜神的汤果是一盘宝塔形的粉果，即把生汤果一层层放成宝塔形状。做法：祭盘一只，先把粉团捏成宝塔状，然后把已经搓圆的小汤果一层层粘在外面，最上层是一只较大的圆汤果，上面粘五粒棉花籽。汤果宝塔下层，要盘上一圈五色长命线。

有的地方成亲当日的早餐兴吃享喜汤果，也就是女眷们连夜赶制出来的以水磨糯米丸子为主料的酒酿白糖桂花莲心汤圆。汤果由众亲或邻居抢食，也叫“抢喜”。然后新郎拜轿顶，祈祷“原轿去原轿回”，把新娘抬回来。

（4）新房抢“十盏头”吃“床头果”

婚礼上，当新娘走到新房门外时，妯娌用红漆桶盘装着十盏糯米丸子，即甜汤果过来。十盏汤果俗称“十盏头”。刚到门口，两边亲友会一拥而上把汤果抢走，给自家的孩子吃，其寓意是要新娘早生贵子。要抢走九碗，九表示快得利，意为“快生快养快发财”，其中有一碗半生不熟的汤果不准抢走，喜娘要把这碗汤果放在窗台上，待新郎新娘入洞房挑开红盖头时派用场。

新娘子在新房里稍事休息，送嫂或伴娘赶紧喂她吃点东西，替她补妆，然后由喜娘和金童玉女相伴，送嫂搀扶，进入喜堂。

晚上闹新房，客人们要向新娘索取糖果。闹至午夜始散，新郎送客，新娘关门，吃“床头果”和藏“床头果”，待天亮小孩子来抢“床头果”。新人入寝后，好事者还要“吵房”。吵房成功，新人要罚出糖果、香烟钱。

（5）送入洞房共享“和气叶”

奉化大堰镇一带的习俗是，晚上送新人入洞房前要贺郎，贺郎桌子脚不能摆平，上放新娘带来的花生、红枣、银杏、甘蔗、桂圆等各色果品及酒。新郎由贺郎人从楼下请上楼，每唱一首贺郎诗上一级楼梯。中途，亲友要把新郎从楼梯上拉下来。到房中贺郎人以各种吉利贺词请新人吃花生、红枣、甘蔗、桂圆等果品，喝交杯酒，以茶贺新人，说些百年好合、夫妻和睦、早生贵子、状元及第、尊长爱幼、富贵荣华、合家欢乐之类的话。

最后以在场人共享“和气叶”结束。“和气叶”由娘家带来，由下大上小五个糯米麻糍组成。厨师将其切片叠好，在场人每人吃一片，取和谐共庆之意。①

（6）喜酒席上“四粉果”

喜酒席上菜肴是约定俗成的，即八大、八小、四景、四水、四粉果、八冷盘。

其中四粉果即和合糕、金钱饼、油果、芝麻糕，全是应景的糕点，是对新人美好生活的寄托。

（7）生头舅探望姐妹（“望告娘僮”）带粉塑花草

所谓“望告娘僮”是指结婚后的第三天，生头舅（娘家兄弟）一定要到姐妹家中来探望。其目的是，探听姐妹在夫家过得好不好，有什么难言之隐或委曲，回家告诉娘，以便及时解决姐妹的困境。来时要用小夹箩挑一担东西，主要是一只老母鸡（俗称太婆鸡）和米粉揉出来的“花草”（粉塑花草）。夫家为了让丈母娘放心，则千方百计让探望的兄弟满意，以免节外生枝。②

■ 粉塑花草（2018年2月4日摄于余姚农博会）

粉塑花草乃米粉制作的动植物花

① 宁波市文化广电新闻出版局. 甬上风物：宁波市非物质文化遗产田野调查·奉化市·大堰镇[M]. 宁波：宁波出版社，2009：128.

② 宁波市文化广电新闻出版局. 甬上风物：宁波市非物质文化遗产田野调查·奉化市·大堰镇[M]. 宁波：宁波出版社，2009：130.

盆，有万年青、天官赐福、麒麟送子、喜鹊登枝、出水芙蓉、梅花、兰花等，五颜六色，绚丽多姿，是请专做粉塑花草的师傅为“望告娘僮”精心制作的。

“望告娘僮”用的粉塑花草尤其讲究喜庆吉祥、寓意深长，题材多为“祈求早生贵子的《麒麟送子》、祈盼人丁兴旺的《母鸡孵小鸡》、祈望儿孙聪慧的《鲤鱼跳龙门》、向往生活富裕的《金玉满堂》、向往合家欢聚的《荷花荷叶莲子藕》、向往门风儒雅的《梅兰竹菊》、向往健康长寿的《万年青》、向往吉祥如意的《祥和花》等”①。

阿舅们到了姐（妹）夫家，俨然上坐，受茶点三道后，退至阿姐（妹）新房歇息。午间摆宴，请阿舅坐首席，称“会亲酒”。用过中饭，请阿舅坐在石捣臼上，拿一两升半脱粒的糯谷，请他捣几下。俗话说“生头舅，捣米头”，意思是两家已经结成亲戚就像谷子和米粒，特别亲近。

这一天，新娘子要下厨房操刀掌勺，妯娌们会特意为其准备一把青松毛烧火，使厨房烟熏火燎，把新娘搞得涕泪横流，引得旁观者大笑不止，让她的娘家兄弟知道，你们的姐妹在这里与大家相处得很好，请回去告知你们的爹妈，笃定放心！

（8）回门带“望娘盘”

新婚夫妇第一次回娘家叫“回门”。时间一般在婚后第三天，也有婚后满一个月才回门的。回门时由娘家派便轿或小车接新女婿陪伴女儿回家，因为是准女婿转正，俗称“生头女婿”。生头女婿要随带“望娘盘”一担。“望娘盘”一头装有馒头、油包、状元糕之类的点心，一头放有鱼、肉、蛋之类16大碗菜肴，去孝敬娘家父母双亲。新婚夫妻回门须当日归来，不得在娘家宿夜。

丈母娘会在“望娘盘 ”担子内放上女儿、女婿穿的上好衣服及裤子，放上长面（意为长命百岁）、花生（意为代代传下去）及小王糕（意为生活年年高），当作“回礼货”。

2. 寿诞礼糕点习俗

（1）“对周馒头”习俗

“人丁兴旺”是非常传统的人生理想，一户人家有子女满周岁自然高兴，值得庆祝，故都要举办“对周”的庆典仪式。该仪式程序如下：

① 宁波市文化广电新闻出版局.甬上风华：宁波市非物质文化遗产大观·奉化卷[M]. 宁波：宁波出版社，2009：211.

首先要置办物品和礼物。家长预先做好“对周馒头”，一般就用米馒头。外婆家、姨母家都要送礼物。外婆家给小孩送来对周衣裳、帽、鞋、银手镯或银项圈等纪念品。

其次举行祖堂祭拜仪式。祖堂上摆放一张八仙桌，桌面上摆上一盘“对周馒头”和香烛之类，另放有书本、纸、笔、墨、算盘、银圆或铜钱。准备就绪后，由母亲抱出小孩，奶奶点香烛向祖堂佛祷求孩子长命百岁、聪明有才智、一生荣华富贵，然后把着小孩的手，向祖堂佛拱手三拜 。

再次由母亲抱着孩子“抓周”，预测小孩以后的人生道路 。

最后由小孩父亲送“对周馒头”给小孩外婆、姨母家，家里其他人把“对周馒头”分送给邻居，邻居拿到馒头后，都会说：“愿小孩长命百岁。”

（2）寿庆“结缘大发”

宁波人祝寿时一般要招待亲友一餐寿酒。讲究的好客人家甚至要吃三顿。一般的寿诞食品有玉（猪肉）堂（白糖）富（麸）贵（桂圆）和寿桃（即馒头，又称双寿馒头）。这些要向有名气的南货店定购，置于5只大镴盘中。有的叠成五层宝塔状，称“五代富”。[①]

有些地方，如奉化一带的正餐寿酒，要有三种点心，每上一种点心要讲一句吉利话。第一种是“长寿面”，上桌时说一句“吃了长寿面，长生不老勿稀奇”。第二种是油包馒头，做成大桃子形状，象征天上王母娘娘的仙桃。传说汉代东方朔在他母亲做六十大寿时去天上偷了三枚仙桃给娘吃，娘吃了仙桃后就返老还童，长生不老了。有一出祝寿的折子戏就叫《东方朔偷桃》。油包馒头上桌时的吉利话是“王母娘娘送桃子，人人吃了像活神仙”。第三种是水饺，上桌时的吉利话是“饺子弯弯两头翘，铜钿银子成担挑”。

一般寿宴的主菜是“玉堂富贵”，即东坡肉（肉和玉谐音）、甜羹（主料是莲子、花生、桂圆、红枣和糖，糖和堂同音）、豆腐（腐和富谐音）、鳖（形状像龟，龟和贵同音）。辅菜是“长命百岁”，即猪大肠（肠和长同音）、酱烤猪头（该菜的辅料是咸光饼，饼和命谐音）、百合羹（百）、蔬菜（菜和岁谐音）。

寿宴结束后，寿主家向四亲八眷和左邻右舍分送寿面、馒头、寿（金）团，称“结缘大发”，以示八方结缘，和睦邻里，长命百岁。

---

① 俞福海. 宁波市志：下册[M]. 北京：中华书局，1995：2833.

■“福”字金团

三、糕点与生产、消费习俗

1.插秧吃金团

以前，因生产力低下，农民信奉种地靠天，拜土地爷祈祷丰收，直至20世纪70年代后，农技知识逐渐普及，一些旧习俗才逐步消失。

过去，田主人在早稻插秧第一天上午（9时许），要把金团盛在大盆里，放在田边，并在田边插香，点燃后向地空大王祈祷：“地空大王帮帮忙，保佑今年能雨水调匀，无病无虫，早稻像金团一样黄。”帮助插秧的人也一起附和。祭供结束时要烧锡箔或灵峰戒牒，然后插秧的人把金团吃了，但不能全吃光，要留几个带回家去，说是这样地空大王就会保佑丰收，秋后收上来的谷粒才能像金子一样金黄饱满。

2.五谷点心祭拜“田公”“田婆”

北仑白峰一带的习俗是，春耕开始，田主人担祭品到田头，一般有五谷做成的点心（表示五谷丰登），鱼、肉、鸡等共十种菜肴（“十”谐音“熟”，寓意“年成大熟”）和酒饭香烛，放在田塍上祭拜，祈求丰收。祭拜后的点心酒饭给田间劳动的人吃。

旧时，群众认为天下万物乃上帝所赐，田里所种之物，都由“田公”“田婆”管辖着，所以种田人一定要祭“田公”“田婆”，以保平安与丰收。

祭拜一般分四次。第一次祭拜是在清明后、下种前、浸种时，叫“秧子落缸”。择个黄道吉日，点香焚纸，种子上放一张红纸，压一把镰刀，称“催芽”。秧子播下后，在竹竿上端缚上一张灵峰关牒，插在田角，祭祀人站在有缺口的田塍上，朝田畈作揖行礼，祈求“田公田婆”保佑不烂秧，保佑秧苗壮大。去播种的人一定要吃饱饭，认为人吃饱了，长出的谷粒一定会饱满，然后将香插于田塍，谓之许愿 。

第二次祭拜是在开秧门前，即秧在田里发芽后，是秧苗的生长期。祭祀人摆供品及肉类、香烛于田塍，人仍立于秧田缺口处，燃香祈祷，保佑秧苗无病、无虫，快快生长，谓之“尝甜头”，祈求长出来的秧苗嫩绿、粗壮、结实。

第三次祭拜是在夏至这一天，祈求无虫无灾，许愿来日丰收，再来重谢。有的穿蓑衣戴笠帽，意思是“求雨”，或烧麦秆，寓意赶害虫。

第四次祭拜是在开镰收割之前，祭品丰盛，要大鱼大肉，并摘谷穗插于供品上，先供“田公”“田婆”享受，感谢“田公”“田婆”保佑之恩，俗称“还愿”。

当地还有一说法，认为祭祀人心要诚，要毕恭毕敬，要大礼参拜，要先“许愿”后“还愿”，如果许了愿不还愿，会触犯“田公”“田婆”，以后祭拜就不灵了。

3.农忙点心饭

吃点心饭习俗自清末开始就有，并逐渐流传开来。清明节至立冬这段时间，因白天长，黑夜短，又是农忙时节，农民一般都是早上六点出门要劳作到下午六点才歇工回家。由于劳作时间长达12 ～ 13小时，而且干农活是重体力劳动，所以农村家庭主妇和长工主人怕家人或长工饥饿，每天下午两点到三点时会到田间送点心给自己家人或长工、短工、忙工吃，称为点心饭。

点心饭的点心一般按农村的习俗而变化，清明时吃麻糍，种早稻时吃金团，立夏时节吃青团（也叫青蛋、素蛋）或茶叶蛋，端午和重阳节期间吃粽子。

常见的点心是年糕（农家过年做的年糕用水浸着一直要吃到割早稻），还有米馒头、灰汁团等，也有用油炒饭、菜泡饭代点心的。大多数的主人准备的点心饭比较丰盛，否则长工、短工就会消极怠工。点心饭由主妇用篮或饭桶装着送到田头，在树荫下或遮阳处就地坐下吃，吃毕马上劳作。

4. 四月初八吃乌饭麻糍

过牛生日是为了犒劳牛，让牛在春耕劳作时更有力气 。

农户对耕牛特别爱护，冬天勤理牛粪，多铺稻草不使耕牛受冷，夏天常点燃晒干的艾草驱蚊，不让耕牛被蚊虫叮咬。每年的农历四月初八，为了让耕牛休息一天，把它当成是牛的生日。到了那天，凡农户有耕牛的，都要为牛做生日，主要是捣乌饭麻糍喂它吃，同时还喂它黄酒。乌饭麻糍是将乌饭树的梢头嫩叶捣烂滤汁，加入糯米蒸熟后捣成，味稍甜，做成麻糍后在外面撒上松花。乌饭树的果实呈圆形，大小如绿豆，牧童常采食。

■ 乌饭麻糍

乌饭麻糍是宁波本地传统食品，每年农历四月初八，家家户户都要吃乌饭麻糍过节。还有老话传下来："纯糯米，乌饭脑，米浸透，糍捣烂，不沓焦，胖乎乎，品味好，乌饭香，每年尝。"

5. 十月半新米做大糕

十月半晚稻新登，农家以新米做大糕、馒头，谓之"做十月半"。

6. 建房动土做"四喜糕饼"

建房是人生的重大事件，宁波奉化一带有老话说："老婆阿爸手里抬，房子阿爷手里造。"说明建房相当辛苦，而且耗资巨大，几乎要倾注一生的财力。所以人们对建房非常重视，希望建房时平安，建好后永固。在科学不发达的时代，人们只有祈求神灵给予庇护，宁波习俗是在建房动土之前要备办三牲果酒祭拜土地。该习俗起于何时已无从考证，但一直流传至今。

动土前一天，建房主人约木匠、泥水匠等到工地，在地基中心，摆上供桌祭品。祭品有鱼、肉、豆腐（合称三牲）和时令水果，如香蕉、苹果、荔枝、梨、瓜等（凑齐五色）。还要摆上状元糕、如意饼、吉饼和合糕四喜。点起香、蜡烛，北首放十二只酒盅（闰月年放十三只），南边燃起一对红烛。所有家里的成年人，即父母、兄弟、子媳、儿孙等都参加。主祭人敬上三炷清香，请四方土地、五路财神童子享祭。主人全家依次跪拜祈祷，接着工匠人等参拜。最后鸣炮仗。由带班师傅拿着扎着红彩带的锄头，从东方起沿南、西、北四方向的基土各挖掘三下，请各路神保佑工程圆满，施工顺利。主人跟着绕宅基地一周，斟酒三巡，再把土地经、太平经等黄纸烧化，默祷两分钟即礼毕。

7. 上梁抛馒头

建房上梁开始时，木匠师父把一杯酒洒在梁上，在徐徐上升的梁上，早已用彩纸写上"紫微高照""圆木大吉"等吉祥的话语，并挂上红布（象征吉利）、花生（象征子孙兴旺）、蒸席（象征蒸蒸日上）、铜钱（象征富有）等吉祥物。木工在东，泥工在西，小心翼翼地把梁安放在固定的位置上，然后木工师父把第一双馒头抛给主人，以后就按东、南、西、北方位抛 。馒头上要打上蓝印，以示房子以后不会失火。

抛馒头时也要讲吉利话：

一双馒头抛到东，日出东方红彤彤，新造房子风水好，吃勿穷来用勿穷。

一双馒头抛到南，铜钿银子滚滚来，心想事成勿用愁，眼睛一眨发大财。

一双馒头抛到西，有福有寿乐无比，夫妻恩爱日子过，快乐逍遥像神仙。

一双馒头抛到北，老板屋里人才出，大小儿子都做官，荣华富贵好享福。

8. 新船下水用年糕、馒头

奉化莼湖镇桐照村靠海，在新船下水时有请菩萨的习俗。首先要选好吉日（必须是大潮汛，要避开“凶”时，不能与男主人生辰相冲），在海边摆上八仙桌，再用长脚凳搁起，在八仙桌前再摆小桌。八仙桌上摆上猪头、白鲞、鸡或鸡蛋，点心用馒头、年糕（意喻高）或米馒头（意喻发）。小桌上可以摆些鱼、肉、蛋、小菜和酒。点燃香烛，男主人祭拜祈祷，开始放鞭炮，推船下水。最后主人散发馒头给前来帮助推船和祝贺的人。

9. 小孩上学的“上学担”

过去，小孩上学是一件大事，除了举行拜孔夫子、拜先生等仪式外，外婆家或娘舅得挑“上学担”。“上学担”里“点心要用粽子，是读书聪明的意思，还要放龙头烤，烤与‘考’谐音，表示能考头名，状元糕就是中状元的意思，还要有衣服、书包及读书用品。其他亲戚朋友也得送上一份礼物。上学孩童的家庭必须办酒招待客人，以示答谢”①。

第二节　宁式糕点的民间文化记忆

一、民间故事与传说

传说和故事，寄托着人们对生活的真诚、对生存的呵护、对磨难的抗争、

① 宁波市文化广电新闻出版局. 甬上风物：宁波市非物质文化遗产田野调查·鄞州区·洞桥镇[M]. 宁波：宁波出版社，2009：118.

对美好的向往，撼人心魄。千百年以来，宁波地区有着许多与糕点有关的历史故事和民间传说，其从不同的侧面反映了社会历史风貌和百姓的爱憎喜怒与追求。比如双喜吉饼、梁祝甜饼代表了对圆满的追求，也是对未来的憧憬。

1. “龙凤金团”的传说之一

南宋宋高宗赵构建都临安后，金兵强渡长江，杀奔江南，高宗自知临安难守，便带领近臣、后妃一路逃难来到明州（宁波），却被大队金兵冲散。高宗落荒而逃。正在急难之间，鄞县有一位村姑骗走了金兵，救了高宗。当时高宗饥饿难忍，便向村姑求食。村姑给了他一个有馅的糯米团子。高宗吃了团子后告别而去。金兵退去以后，高宗返回临安，为了报答村姑救命之恩，就允许浙东女子出嫁时使用半副銮驾，乘坐龙凤花轿。他吃过的糯米团子也被封为“龙凤金团”。

2. “龙凤金团”传说之二

每逢节日喜庆，宁波人总少不了要用龙凤金团送送亲友，讨个吉利。传说这里有个出典。

宋朝宋高宗赵构逃难，一路逃到宁波，天刚蒙蒙亮，肚子饿得实在有眼（点）熬勿住了。他走到街上看看店里，吃的东西蛮多，可是摸摸袋里，一个铜钿也没有，只好瘪塌瘪塌往前走去。

忽然一阵香气吹过来，高宗抬头一看，是一爿糕团店，看看蒸笼里一只只圆圆黄黄的东西，正在冒热气，他就走拢去。这时，主人走过来说：“客官，趁热尝尝味道。味道勿好，铜钿勿要。”高宗一听，伸手拿了一只就吃，心里想，只要说味道勿好，铜钿就好勿付了。高宗一吃，味道交关好，这东西又香又甜，又糯又黏，就吃了一只又一只，连吃九只，手里还拿着半只，口里连声说：“好吃！好吃！”

店主人听见客人说好吃，就过来收铜钿。高宗晓得自己讲漏了嘴，就想了想问：“这东西叫啥名堂?”这一问不要紧，弄得店主人自己也答勿上来了，他停了停说：“勿瞒侬这位客官，这东西是阿拉阿妹自己做的，名字还没取呢。”高宗说：“那我来给你取个名字吧。”店主人一听高

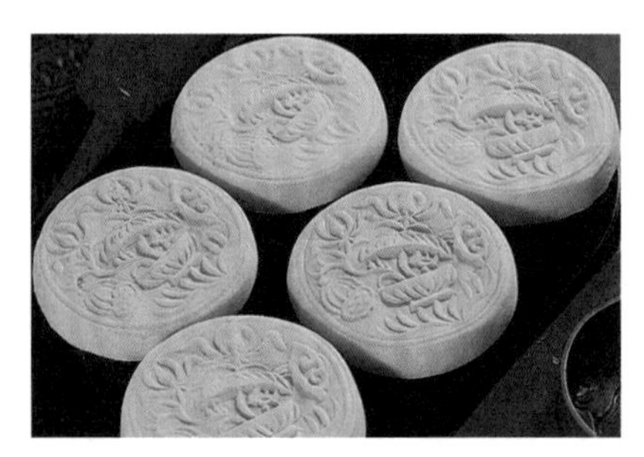
■ 龙凤金团

兴说："客官侬名字取得好，讨个吉利，刚才吃的铜钿就勿用付了。"

高宗问："侬阿妹叫什么名字？""叫赵凤英。"只见高宗忖了忖说："这东西就叫'龙凤金团'吧。包侬今后生意兴隆。"皇帝开口是圣旨，这爿店后来就大吉大利，果然生意交关好。后来，皇帝给金团取名字的事一传开来，龙凤金团就更加出名了。[1]

3. 大亨阿三摘"赵大有"金字招牌

上了年纪的宁波人，都还记得江东百丈街有一家赵大有糕团店。这家糕团店已有近百年历史，制作的各色糕团特别是名点"龙凤金团"，不但名闻甬城，在海外也小有名气。这里讲一个大亨阿三摘"赵大有"金字招牌的故事。

赵大有糕团店老板赵培德是个勤劳厚道的生意人。有一年，他跟着堂叔从上虞来到宁波。创业之初，赵培德就发愤图强做品牌。他的店选料上等，制作精细，薄利多销，童叟无欺。他还特地制定了吸引顾客的两条规定：一是谁在金团馅子中发现有砂子、竹爿等杂质，除了当面对其赔礼道歉外，还奉送一笼金团；二是但凡有人在金团里发现有苍蝇等脏物，他可以当场摘掉"赵大有"金字招牌，并奉送十笼金团。这两条规定在店门口贴出后，生意更加兴隆，"赵大有"金字招牌响当当，也引起了同行的妒忌。

有一天上半日，从渡船上跳下来一个满面横肉的流氓，人称"大亨阿三"。

他走进赵大有糕团店时，就把一只死苍蝇藏在袖子里，并向伙计买了几只金团。咬了一口之后，他偷偷把死苍蝇塞进豆沙馅里头，就装模作样地大叫起来："你们看，金团里有苍蝇！"这一叫引来交关围观者，大亨阿三气势汹汹地哇哇乱嘶："今天吃金团吃出苍蝇来，算我阿三晦气。可我阿三也勿是好弄讼的，我定要摘掉'赵大有'金字招牌！"赵老板一边向阿三讲好话，一边想：我店制作精细，道道把关，金团馅里咋会有苍蝇呢？难道是有人捣鬼？于是，店老板从大亨阿三手里接过金团，用筷子戳戳苍蝇，又抬头向围观的群众讲："诸位，刚才这位先生讲金团里有苍蝇这是事实，但这只苍蝇看来是有人故意塞进金团里的。"这一下群众七嘴八舌议论纷纷，有的人讲，"赵大有"金字招牌当当响，是过硬的；也有人讲，肯定有人故意把苍蝇塞进金团馅子呢。

① 陈建东. 浙江宁波·海曙卷[M]. 北京：知识产权出版社，2015：130 — 131.

赵老板看到此笑眯眯地对群众讲："大家请看，这只苍蝇介完整，连脚也呒没缺一只，阿拉店里金团馅子是经过反复搅拌的，如果一只苍蝇在馅子里，经过几道生产工序之后能介完整吗?"大家听了赵老板这番话，觉得有道理，不少人点着头讲："是啊，这一只苍蝇肯定是吃辰光塞进去的。"赵老板又讲："苍蝇原先在馅子里的话，老早熟了烂了，咋会有介生辣（方言：未熟烂）？勿相信大家戳戳看!"这辰光，大亨阿三早已溜之大吉。原来，大亨阿三是被某爿糕团店老板收买了，存心来寻赵大有的旮旯门的（方言：故意找茬）。忖勿到，这事情不但呒没摘掉"赵大有"金字招牌，反而成了"赵大有"的活广告，使得其生意越来越好，以前一日卖50笼金团，现在每日做100笼金团还是不够卖。"赵大有"的名气愈加大了。[①]

4. 状元糕的传说

据说状元糕的来历是这样的：当年小方卿向姑母家借考资，姑母拒之不借，被迫返家。丫头发现告知小姐，小姐怨母无礼，私自把"珍珠塔"挟在糕点中，赠给方卿，叫方卿千万要保管好这包状元糕，表示有这包点心，你就能考中状元，从此状元糕就流传下来。用状元糕送礼表示敬意。《十只台子》歌谣唱道：

■ 状元糕

第一只台子四角方，
小方卿得中状元郎，
可恨姑母良心丧，
肩背道琴来察访，
陈翠娥小姐泪汪汪。

5. 宁波水磨年糕的由来

相传吴国名将伍子胥把守苏州，当时挖"城砖"的军民中有个姓年的商人，系慈溪东埠头人。越兵攻下苏州后，年某带了"城砖"回到东埠头，学着磨粉、蒸粉、舂制"城砖"。因糯米不多，他便用粳米代替，没想到粳米粉制

---

① 王昱.浙江宁波·江东卷[M]. 北京：知识产权出版社，2015：105 — 106.

成的比糯米的吃起来更好，周围群众纷纷仿效，但嫌“城砖”太大，逐渐变成了现在年糕的形状。年某有三个儿子，分别居住在东埠头、慈城、鸣鹤。这样，东埠头、慈城、鸣鹤场便成了浙东地区最著名的年糕产地。[①]

■ 年糕（摄于慈城）

6. 胜山倭豆与光饼

明嘉靖二十六年（1547年），东南沿海倭患十分严重，百姓叫苦连天。当时年仅26岁的抗倭名将戚继光，怀着平定倭寇的雄心壮志，带领戚家军来到浙江，奋不顾身地投入战斗。他们连连在慈溪龙山所打了好几个胜仗后，又乘胜追击，追着一股残败的倭寇，来到胜山。当时的胜山还称“悬泥山”。为了鼓励战士们的斗志，也为了争取时间追杀残敌，戚继光让每个戚家军战士随身带上干粮，即蚕豆和饼。这种饼用面粉制成，中间有个小孔，用线穿成一圈，套在头颈上。他还规定战士每打死一个倭寇，就用蚕豆记上一个数，待战斗结束后，作为论功评奖的依据，以此来激励战士奋勇杀敌。饿了，这些蚕豆还可以作干粮充饥，真是一举两得。后来，这豆及饼就被胜山人称为倭豆和光饼，这样的称呼一直延续到现在。如今，到慈溪胜山，不但能听到倭豆和光饼的名字，还能尝一尝倭豆、光饼的味道。

■ 慈溪银号酒店有限公司“戚光饼”文创产品

7. 戚光饼

从前，浙东沿海各地盛销一种面饼，味略咸，表皮光滑，中间有个小孔，人们叫它“咸光饼”。

① 孙志栋，陈惠云，虞振光，等.中国年糕发展的历史演变浅析[J].粮食与饲料工业，2010(11)：34-36.

当时倭寇猖獗，他们忽而蜂拥登陆，忽而呼啸而去，行迹不定，还不时黑夜盗袭，杀人放火。戚继光率领明军和义兵追捕剿杀敌寇。但兵贵在神速，埋锅造饭很不方便。

有一天，戚继光行军到达三北龙山东门外，有一个老农献上一大捧中间有小孔，没有芝麻的咸饼，以作慰劳，并且说："别看这饼光光的，它可以用绳子穿着带在身边，饿时撕下就可充饥。"戚继光连声称赞："好，好！这种光饼好！以后行军再也不会耽误时间了。"

消息传开，各地百姓都争做光饼，献给明军，"咸光饼"的名字便从此流传下来了。[①]为了纪念戚继光，后人也把这种饼叫作"戚光饼"。

8. 糊辣羹，穿心饼

象山石浦民间，在正月十四晚上家家户户都吃糊辣羹，也写作糊粒羹。传说，这样东西的出现和流行与戚继光抗倭寇有关。

在明代嘉靖年间的正月，石浦百姓还沉浸在春节的喜乐中。戚继光的军队也正在欢度佳节做中饭，忽然听报，倭寇船只出现在海面，要趁人们不备登陆抢掠。军队必须马上出发，可军士又不便空着肚皮出击，戚继光灵机一动，让伙夫把各种菜肴切碎成粒，下锅同时烧煮，等熟后倒入由麦粉和薯粉调好的糊，一起搅拌成糊状，转眼便可食用，既当饭又当菜，吃起来味道特殊，鲜美可口，几乎用不着咀嚼。军士食后当即奔赴战场，打败了倭寇。那就是糊粒羹的由来。

石浦还有一种现在不多见的饼，叫作穿心饼，由于饼的中间有一个小孔，形状很像人的肚脐，故又称"肚脐饼"，也是浙东一带的特色糕点。传说，穿心饼的起因也与戚继光有关，这种饼就是戚继光发明的。当年戚继光抗倭身先士卒，每次作战都在前沿指挥，往往赶不上吃饭，战士们有时也饿着肚子在作战。戚继光灵机一动，就命各营赶做大量的饼，饼的中间留出一个洞，方便用绳子穿起来，挂在每一位士兵的身上。这种饼方便带，还不容易变坏发霉；方便吃，他们作战间歇就可以吃。石浦、台州等沿海一带百姓为了纪念戚继光便把穿心饼作为特色糕点流传至今，名称也改为"继光饼"。[②]

---

① 童银舫.浙江宁波·慈溪卷[M]. 北京：知识产权出版社，2015：125 — 126.
② 郑辉.浙江宁波·象山卷[M]. 北京：知识产权出版社，2015：168.

9. 十万个光饼与戚家山的传说

■ 光饼（2017年11月4日摄于慈溪鸣鹤）

金鸡山的西侧，便是闻名遐迩的戚家山。传说当年戚继光将军抗击倭寇时，曾领兵驻扎在这座山上，所以，后人就称它为“戚家山”。其实，戚继光将军并没有亲临过此山，为什么小港百姓要称它为“戚家山”呢?

说起来还有一段有趣的故事。

有一次，倭寇打算从东海的海岛上发兵来攻打小港。小港的百姓得到这个消息后，连忙到梅墟去请驻扎在那里的戚继光将军前来抵御。戚继光将军答应了老百姓的请求，并约定等倭寇到来时，一定发兵前往征剿。老百姓非常高兴，为了迎接戚家军的到来，家家户户都赶做起咸光饼来。做好后，一数不多不少，正好十万只。十万只光饼都存放在金鸡山后面 。

倭寇在出兵前，先派了几个探子来侦察小港的动静。探子不光是人生地不熟，就连小港人讲的话，也只能一知半解。探子怕暴露身份，偷偷摸摸地四处打探消息。他们看见小港的老百姓正忙忙碌碌地准备迎接戚家军，还隐隐约约地听见人们在传说“……足有十万……光饼”，吓得探子连夜返回海岛向首领禀报，说是戚继光从南方调集了十万广东兵已到小港。倭寇们大为恐慌，连夜上船驶往外洋躲避去了。

堆积在金鸡山后面的那十万只咸光饼，因为戚家军没有前来，未作军粮，年长日久，渐渐变成了一座大山。小港的老百姓为了缅怀戚继光将军的抗倭功绩，就把这座山称为“戚家山”。[①]

10. 米馒头的传说

鄞州区东钱湖湖心有一小屿，名霞屿锁岚和补院洞天。据《浙江通志》和《鄞县通志》所载，南宋丞相史浩的老娘洪氏信奉观音，每年观音大士圣诞，总要赴南海普陀敬香拜佛。后因其双目失明，史浩怕老娘渡海有风险，就

---

① 唐佩娟. 浙江宁波 · 北仑卷[M]. 北京：知识产权出版社，2015：12.

在东钱湖中的霞屿小岛上仿照普陀山的潮音洞建造敬了一个敬香拜佛之地，并称其为小普陀，让老娘来礼佛。小普陀建造完工后，为观音大士开光需要供品，因为东钱湖是鱼米之乡，史浩原打算用鱼米作为供品，后来想到观音是吃素的，不能进殿供奉鱼等荤腥食品，所以改用米磨成粉，制成米团来供奉。开光过后，史浩将观音大士的供品—— 米团献给洪氏太君品尝，可洪氏太君吃了一口，却硬得咽不下去。她叹了一口气，想自己是无福享受菩萨的佛团了。

但聪明的厨师想出了一个办法，他将米粉加放白药于温室发酵，拌入白糖，蒸熟后，在米团上再印上一个寿字的红印，定名叫米馒头，给太君品尝，洪氏太君觉得好吃，很高兴！

史浩得到老娘的欢心后，将米馒头带到临安（今杭州市）给宋孝宗品尝。史浩是宋孝宗的老师，无论爱吃不爱吃，皇帝总要说“好吃”的。无形之中竟为米馒头加上了封号，大有来头了！从此一传十 、十传百的，米馒头成了民间传统的吉利点心，被用于供佛、敬神、祭祖、生辰、对周（小孩）、婚嫁 、时令节日、请客。

南宋淳祐八年（1248年），史余孙自东钱湖迁入九顷建村，还是按老规矩用米馒头来祭祖 。每年农历十月十三是九顷祠堂祖宗师仲生日，九顷、冷水潭 、巴龙头等史家后代都要做米馒头到祠堂祭祖。因为洪氏太君爱吃米馒头，六十岁以上的史姓男性就到祠堂宴会上吃米馒头，十六岁以下的史姓男孩会分到两只米馒头，女孩分到一只。至今700多年过去了，此风俗依旧。制作米馒头的民间工艺也传播到当地农村各地。①

11. 乌馒头的传说之一

慈城一带对于乌馒头的看重据说源于一个传说。元至正年间（1341—1368年），慈溪城里有一个叫乌杰的人，以开馒头店为生。当时的元朝廷为了巩固自己的统治，规定汉人每十户共用一把菜刀，十户中任何一家犯法，其余九家必须连坐受罚。乌杰利用开馒头店的便利，暗中组织了一批早已怨声载道的老百姓等待机会。这一年黄岩的方国珍农民军攻打庆元（宁波），乌杰认为时机已到，就在端午日揭竿而起。他们拆下各家的门环托盖摇铃作联络用具，以熏烟为号。用木棍竹剑当武器攻打城内守兵。元兵早被端午的雄黄酒灌得昏昏

① 宁波市文化广电新闻出版局.甬上风物：宁波市非物质文化遗产田野调查·象山县·丹西街道[M].宁波：宁波出版社，2009：70.

然，面对突袭，不堪一击，不是被杀就是缴械投降，起义队伍很快就控制了整个慈溪城。后来，人们为了纪念乌杰端午日抗元，将馒头做成门环托盖形状，以其姓氏命名为“乌馒头”。久之，端午日吃乌馒头也便成了习俗。[①]

12. 乌馒头的传说之二

乌馒头最早统称为馒头，但因为其馅在外，也被称作盖浇馒头。据传，宋高宗赵构当年从温州返回临安（杭州），途径慈城时，在街头偶然看到涂着乌黑油亮糖浆的馒头，尝了之后不觉脱口而出：“这乌馒头好吃。”圣口一出，于是“乌馒头”的名字就这么叫出来了，而且一直沿用至今。[②]

江北千年古镇慈城现在仍然保留着五月端午吃乌馒头的习俗。乌馒头还是端午节晚辈孝敬长辈，特别是准女婿孝敬岳父母的必备礼品。这一习俗作为慈孝文化之一，代代相传。

慈城当地还流传着这样一个传说：当年因为宋高宗赵构在慈城起名，所以“乌馒头”仅限慈城生产，外地商家唯恐触犯皇命而受罚，都不敢擅自制作“乌馒头”。如今，乌馒头依然是慈城一带独特的糕点食品。乌馒头制作的技艺，仍有代代相传的价值。

13. 梁祝饼的传说

传说当年上虞祝家庄祝英台求学心切，女扮男装到杭城读书，父亲祝员外担心女儿远行受饥挨饿，吩咐厨师做了点心带去，以充路途之饥。祝英台在路上结识了一同求学的梁山伯，在草桥稍歇。两人啃饼充饥，都感到味道甜美，口留余香。以后梁祝共读走笔，常常用这种饼做夜读的点心。后来，人们就把这种长条形金黄色的饼起名为“梁祝饼”。

14.嫂嫂汤果鸟的传说

大嵩有种候鸟，每到春天啼鸣不止，“嫂嫂汤果，恶公恶婆 ”，啼声委婉悲切。人们传说此鸟是牛郎湾一个童养媳变的，她被恶公恶婆虐待致死，然后变成了这只冤鸟。

话说牛郎湾是大嵩的古村之一，地处深山冷岙，强盗不愿去，官府不知道。最早有对牛姓年轻夫妇，为了躲避战乱和官府重税，悄悄地搬到这里居

① 叶龙虎.家乡的小河[M].北京：大众文艺出版社，2013：171-172.
② 宁波市文化广电新闻出版局.甬上风华：宁波市非物质文化遗产大观 · 江北卷[M].宁波：宁波出版社，2012：64.

住。后来刘、章两姓也迁居到此，落户发族，渐成村庄。因为牛姓先落户，故取名“牛郎湾”。

牛家夫妇起初男耕女织，恩恩爱爱，虽单门独户，但也生育了一男一女，过着世外桃源般的生活。但由于其封建意识，到清代乾隆年间，在其儿子12岁、女儿9岁时，他们买了一个14岁的童养媳柳娘。牛家对自己的儿女爱如掌上明珠，对童养媳却百般虐待，叫她砻谷、捣米、砍柴、放羊、牧牛，一切家务杂事，都加在她身上。童养媳天天有干不完的话，日日点灯起床，子夜方睡，而每天吃的却是糠菜糊糊，弄得骨瘦如柴，要是被发现脸挂泪痕或行动迟缓，还会遭拳打、脚踢、针刺，痛得她不堪忍受，真是求生不能，求死不得。

古时大嵩有个风俗，一年供三次汤果，正月初一叫春头汤果，三月有清明汤果，十二月有冬至汤果，先供祖先，后自家吃。每年清明，柳娘只有淘糯米搭清明浆板、磨糯米粉搓清明汤果的份，而吃汤果却没有她的份。有一年清明时，家人吃了汤果，男的出门去扫墓祭祖，恶婆婆也外出有事，家里只留下柳娘和小姑。

柳娘没有吃到汤果，忖忖自己命苦，做了汤果却没尝过一口，就低着头流眼泪 。小姑是个聪明贤惠的小姑娘，平时同情嫂嫂，但又没办法。这次见娘外出，忙去灶头煮了汤果，端到嫂嫂手里，叫她快点吃了，免得被娘看见，又要被责骂、挨打。

嫂嫂见小姑如此贤淑，又因自己从来没有尝过汤果的味道，便动了动心，于是夹起就吃。可是一粒汤果才进嘴，恶婆婆就一脚踏进屋里，见此情形怒目而视，大声喝问。柳娘本已很惊慌，这一吓，就将滚烫的汤果咽下了肚，当即烫得眼睛白起，扑通倒地，只见她抽搐几下，一命呜呼了 。

牛郎湾的童养媳被恶公恶婆虐待致死的消息传遍整个牛郎湾和大嵩城，人们纷纷表示同情和惋惜。听说那个童养媳是被清明汤果烫死的，人们因此改掉了清明吃汤果的习惯。从此，清明只搭清明浆板，不吃清明汤果了。

过了几日，树枝上飞来一只小鸟，“嫂嫂汤果，恶公恶婆”地不断啼叫。人们说那是童养媳柳娘变的，天天在树枝上叫骂公婆 。事也凑巧，牛郎湾的牛姓从此绝了种，如今的牛郎湾没有牛姓人家了。[①]

---

① 宁波市文化广电新闻出版局.甬上风物：宁波市非物质文化遗产田野调查·鄞州区·瞻岐镇[M].宁波：宁波出版社，2009：17.

15. 麦果供龙王的传说

在秋后大旱不雨的季节，象山各地会组织乡里的男女老少到有仙灵的深山龙潭向龙圣求雨，求甘霖救活青苗。据说也有不灵的辰光，说是求雨那日，龙王或龙圣到别的地方去了，使百姓白走一趟。

传说有一年在海塘下余村，由于求雨不灵，村民一怒之下，干脆把村里龙王庙（镇海庙）供奉的龙王老爷神像抬出庙，放到天外暴晒，让龙王去尝尝烈日暴晒的滋味。这时早稻已收割，用早米粉蒸做的灰汁麦果已吃过了，所以龙王面前连祭品都没有。龙王熬不过烈日的暴晒，神像的头面上居然流出汗来。这时，天空就蒙上乌云，快要下雨了，村民们赶紧把龙王神像抬回庙里，又供奉起来。自此以后，每逢天不下雨，人们不再到山里去求雨了，只把龙王老爷"请"出庙外暴晒，这就是"晒龙王"的由来。

■ 青麻糍（2019年1月22日摄于30届宁波年货节）

雨一下，解脱了旱情，保住了全年丰收。家家户户都会用早米磨粉做麦果、蒸大糕，欢欢喜喜地过中秋佳节，合家团圆。这时，大家也不忘龙王的恩典，把麦果、大糕祭供到龙王庙神像前，这已成了习俗。

所以海塘一带，民间流传下"早稻麦果他无份，晒死龙王不同情"的谚语，意指，在晒龙王时，早稻麦果也不供，到丰收可望时，龙王才受到供奉麦果的礼遇。①

16. 蓬蒿捣麻糍传说

麻糍一般在清明节时食用。象山大徐镇一带流传着这样的传说：明朝朱

① 宁波市文化广电新闻出版局.甬上风物：宁波市非物质文化遗产田野调查·象山县·丹东街道[M].宁波：宁波出版社，2009：21.

元璋从小逃出家乡，做了皇帝后，回乡却找不到父母的坟墓。他下令让乡邻在各自祖上的坟墓上插上蓬蒿秆，后剩下一支坟无人插，朱元璋就把此坟当作父母坟墓，叫人用蓬蒿捣麻糍祭祀。此后，后人祭祖时也用麻糍。

17. 清明节吃麻糍传说

关于清明节吃麻糍，奉化江口一带有这样的传说：相传太平天国期间，有一年清明节时，大将赖文光兵败，被清兵追杀，路遇农民。农民为了保护赖文光，给他戴上草帽，扮作农民模样，一起吃麻糍，哄走了清兵，才逃过这一劫。后来大家以为吃麻糍可以避灾，从此家家户户一到清明就捣麻糍，大家互相分赠，为的是避灾消祸。

18. 吃长寿面的传说

宁波民间认为，做寿时，前来贺寿的人其他东西可以不吃，但长寿面是一定要吃的。吃了长寿面不但是对做寿者的祝贺，而且自己也可以长寿。这一习俗的来历，有这么一个传说：相传，汉武帝既信鬼神又信相术。一天他与众大臣聊天。说到人的寿命长短时，汉武帝说："《相书》上讲，人的人中长，寿命就长，若人中一寸长，就可以活到100岁。"坐在汉武帝身边的大臣东方朔听后就大笑了起来。众大臣莫名其妙，都怪他对皇帝无礼。汉武帝问他笑什么，东方朔解释说："我不是笑陛下，而是笑彭祖。人活100岁，人中一寸长，彭祖活了800岁，他的人中就有八寸长，那他的脸该有多长啊。"众人闻之也大笑起来。看来想长寿，靠脸长长点是不可能的，但可以想个变通的办法表达一下自己长寿的愿望。脸即面，那"脸长即面长"，于是人们就借用长长的面条来祝福长寿。渐渐地，这种做法又演化为生日吃面条的习惯，称之为吃"长寿面"。

19. 灰汁团的传说

关于灰汁团的来历与做法，慈城地区流传着这样一个民间故事。

旧时，当地人通常用灰汁水洗衣服。因为灰汁水中含有一定成分的碱，有去污能力，所以寻常人家都会把灰汁水装在一个水缸中，放在家里灶间。

慈城三板桥一带住着一家三口，父慈子孝，家庭和睦。谁知有一年闹瘟疫，父亲在瘟疫中死去，母亲也因过度伤心而哭瞎了双眼。家中因为缺少了顶梁柱，家境一落千丈。幸好这家儿子很懂事，不仅对母亲十分孝顺，而且读书也非常用功。

儿子稍大一些以后，就去镇上的私塾念书，平时回家的次数也少了许多。为了尽可能照顾好母亲的起居，他每次去镇上念书前，都要将家里的水缸拎满。母亲虽然双目失明，但在好心的街坊邻居的帮衬下，也能勉强维持生活。

■ 灰汁团（宝舜食品供图）

有一年，正值早稻收割时节，在镇上念书的儿子很思念母亲，就赶了几十里山路回家看望母亲。母亲见儿子回来，非常高兴，心想："儿子赶了那么远的山路来看我，一定肚子饿了，我要做点好吃的给他吃。"想到这里，她拿了一些刚刚收下的早稻米，摸索着到石磨间磨了几斤米粉。虽说眼睛看不见，但是母亲的手脚依旧灵便，米粉磨得很细。磨完米粉之后，从厨房的水缸里舀水拌好米粉，又往里加了一点黄糖。没多长时间，她就裹好了几十个米团，在灶头上蒸了起来。快蒸熟时，蒸笼里竟然散发出一阵阵特别的香味。母亲纳闷，心想自己过去眼睛好的时候，做各种各样的米团也没有这么香，今天究竟是怎么了？一定是菩萨显灵了！

这阵阵香味不仅让儿子垂涎欲滴，附近的左邻右舍也都闻香而来。大家迫不及待地打开蒸笼，品尝蒸笼里的米糕。大家一尝，不但觉得香味独特，且觉得非常可口。儿子细心查看，终于发现了其中的奥妙：家里灶间放着两只水缸，一只盛水，一只盛灰汁水，而双目失明的母亲误把盛灰汁水的水缸当成盛清水的水缸，用灰汁水和了面，阴差阳错地做出了美味的米糕，灰汁团因此而得名。

这样，一传十，十传百，灰汁团的做法也渐渐地流传开来了。[①]

20. 方粽的传说

慈城习俗为九月重阳裹粽子、吃粽子。粽子一般是四方形的，也称横包

① 宁波市文化广电新闻出版局.甬上风华：宁波市非物质文化遗产大观·江北卷[M]. 宁波：宁波出版社，2012：59-60.

粽。相传宋理宗景定三年（1262年），里人方山京中状元后，在重阳这天回乡省亲。县令用方粽（其意方山京中状元）馈赠民众，慈城百姓也用方粽相互馈赠，以示庆贺。慈城方粽系用糯米制作，掺一点碱水（容易消化，吃起来更具有香味），用大张毛竹壳包成方形，如手掌大小，糯米塞得很结实，要煮一个晚上才煮透。粽子色深黄，咬一口，满嘴清香。粽子的品种有赤豆粽、豇豆粽、肉粽等。①

21. 邱隘小馈传说

据传别致的小馈源于明朝正德年间，由邱隘的一位邱姓寡妇首制。该寡妇聪明贤惠，十分孝敬父母，每到过年都要送点馈去，作为年礼。后来老母过世，她想到老父年迈，不便动刀，就灵机一动，想了一个主意，请人把馈舂得特别稠滑，一个个做成铜钱一样大小，正好一口一只，让老爹烧煮方便。一年，她叫儿子把馈送到五乡矸外公家去，刚巧被省亲在家的傅天官看到了。傅天官见了这种新颖别致的小馈，爱不忍弃，便认小孩为外孙，赠予银两，要了些小馈，把它带进宫廷。正德皇帝一吃，果然别有一番滋味，就下旨令每年进贡一批。于是，邱馈就成了贡品。并且邱馈的制作技艺也辈辈相传，一直沿袭至今。②

22. 王记太婆饼的由来③

■ 王升大博物馆馆长96岁的母亲汪老太太在做月饼（王升大博物馆提供）

19世纪末，在王升大米店鼎盛年间，每逢中秋八月，商铺之间有互相赠送月饼的习俗，节俭朴素的老板王兴儒号召家属人人动手，自制月饼。

有意思的是，王兴儒还在家属中发起评选，结果，夺魁的竟是太婆王曹氏。这种口味独特的月饼，在家属和商铺客户中口碑极好，王

① 宁波市江北区慈城镇文学艺术界联合会.风流千古说慈城[M]. 宁波：宁波出版社，2007：161.

② 中共鄞县县委宣传部，中共鄞县邱隘镇委员会.遍地风流话邱隘[M]. 杭州：浙江人民出版社，1988：102 — 103.

③ 由王升大博物馆提供。

升大每年中秋之际，在馈赠客户之余，还对外零售，“王记太婆月饼”由此流传至今。旧时家里还规定，配方只传媳妇不传女儿。

王升大王记太婆月饼延续传统的味道，带到今天，传到未来。

23. 萝卜团的故事

据传，萝卜团还有一段故事，它最早是象山一户人家的媳妇创制的。

这户人家有兄弟五个，老大、老二买了只木帆船，专门做渔家打船最紧要的毛竹苎麻生意。老大、老二常年出门在外，下面的老三还小，在家由老大媳妇带着，忙时帮衬大嫂做些田间活，种点萝卜，闲时下小海，采蛎黄，捡泥螺，拈虾。这年冬日，出门近一年的老大、老二哥俩回来了，一家子团圆了，兄弟几个抱作一团，开心之极。

老大媳妇跑进灶间，想为一家子做顿好吃的。

可是除了米缸里有新打的晚稻米外，家里只有几个萝卜和小叔子从滩涂上捡来的一些小海鲜。情急之下，她灵机一动，巧妙地把这几样东西放在一起，做成一个个白白的团子，蒸熟了热腾腾上桌。

不想兄弟几个吃了这新奇的吃食，齐声叫好，都道又鲜又香又糯，既是菜又是饭，真好吃！自此，海味萝卜团就慢慢在象山流传开了。①

24. 正月十四吃“丫头羹”的传说

每逢正月十四，镇海家家户户都有个特殊的消费习俗：烧一锅“丫头羹”，全家每人喝上一大碗，有的还送左邻右舍，以庆贺新年合家快乐。根据镇海民间流传的说法，这么好吃的东西最早是一个丫头煮出来的。

据说，唐朝时期，有个外地的女子，卖身在镇海一户薛姓大户人家。薛家两兄弟均在朝为官。有一年兄弟俩春节回家，恰逢正月十四，全镇各家各户都挂灯结彩。于是薛家全家老少都上街观灯，只留丫头管家看门。丫头遵照主人吩咐，边干些杂活，边等主人看灯回来。谁晓得这年的灯特别盛，主人家一直看到三更还没回来。那丫头从腊月忙到今天，身子疲倦，肚子饥饿，但又不敢睡下，真想吃点东西来解饥提神。可主人家的一菜一饭，盆盆碗碗他们临出门时都曾一一清点过目，是不能随便乱动的。不吃吧，现在正是寒月严冬，咋熬到天亮呢？丫头在厨房里找了起来。桌上有主人祭神时用过的十几盘果品。

① 郑辉. 浙江宁波·象山卷[M]. 北京：知识产权出版社，2015：168 — 169.

她想，这些供品个数多，我如取它几个吃吃，主人是难以发觉的。于是她在红枣、黑枣、胡桃、金柑、印糕等八种果品批盘里各拿出几个，有皮的去皮，有核的去核，无皮无核的切成小块，撒些桂花放些糖，加点生粉拌浆，一起放进锅里煮了起来。不料，刚刚烧熟，主人回来了，问她："你在烧啥？"丫头说："煮些点心。""啊？！"主人光火了，"好大胆，竟敢背着主人偷煮东西吃，那还了得！"丫头一见不妙，急忙转口说："都后半夜了，我是为老爷你才烧的。"主人一听，才息了怒，因为他也正好感到肚饥呢！他上前揭开锅盖，见里面白花花、黏糊糊的，奇怪了，问，"这是啥点心？"丫头顺口答道："八果羹。"主人从未听说过这种名堂。又问："好吃么？""当然好吃！"丫头说："羹里有红枣、黑枣，吃了全家安好；还有桂圆、胡桃，吃了招财进宝；加上金柑、红蛋，吃了百病消散。"主人大喜，端起碗来就吃，觉得香气扑鼻，清甜鲜口，既解饥，又提神，啧啧啧连声赞好吃好吃，并说："可惜煮得太少了点。这样吧，你赶紧再煮些，让全家人都吃上一碗，侬么，也留点锅巴尝尝味道。"

从此，年年正月十四上灯夜，这家就要丫头煮"八果羹"给主人作为观灯回来的点心。因为这羹是丫头煮出来的，所以，也叫"丫头羹"。后来，此习惯流传至整个镇海城关的老百姓家。于是每逢正月十四，镇海城关一带形成了家家户户以番薯、年糕等为主料，配以其他干鲜果脯烧丫头羹的习俗。此习俗现在仍在延续。①

25. 马蹄蛋糕的来历

相传宋时，康王赵构从金营逃出，曾路经宁波，因连日没有饭食下肚，饥饿难忍。

一日，他走入一民户，遇见一位老婆婆，便向其求食。老婆婆见其面虽疲惫不堪，但气宇非凡，料非歹徒，就拿出几个鸡蛋与米粉搅拌在一起，以马蹄壳作模具，制成马蹄蛋糕，再用火烤后递与康王。俗话说饥食味最美，康王饥肠辘辘，见到热气腾腾、香味扑鼻的蛋糕，狼吞虎咽，吃得津津有味，感到有生以来从未吃过如此好的点心，就问此糕何名?答曰："马蹄蛋糕。"建炎元年，宋康王构即位于南京（今河南商丘南）改元建炎，是为南宋高宗皇帝。他

① 宁波市文化广电新闻出版局.甬上风物：宁波市非物质文化遗产田野调查·镇海区·招宝山街道[M].宁波：宁波出版社，2008：82.

虽终日锦衣玉食，但总感美中不足。一日，他突然想起逃难之时吃过的老婆婆的马蹄蛋糕，瞬时，食欲来了，便命人叫宫内御厨赶制马蹄蛋糕。可御厨不知此蛋糕为何物，便有宫内太监便衣出行，外出四处打探，终于在浙江宁波得到了马蹄蛋糕的制作方法。于是他“马上告知御厨房，厨师经过反复制作，多次试味，感觉味道还是一般，并不十分好吃，好生惊奇，不知皇上何意。后得知殿下是在饥饿之时所尝，于是就添入糖和桂花、香油之类的辅料，做成马蹄蛋糕呈上。高宗皇帝食后，果然龙颜大悦，点头称道，还分给各大臣品尝。宁波的“马蹄蛋糕”就此出名，一直延续到清代咸丰年间。后来在浙江宁波一带陆续有了专门生产马蹄蛋糕的作坊。①

26. 布袋和尚与“玉祥糕”的传说

布袋和尚，奉化长汀村人，自称契此，号长汀子，生于后梁乱世，常背一布袋出游四方。他心地善良，乐于助人，逢人笑哈哈，村里人给他起了个绰号“欢喜和尚”。

■ 玉祥糕（图片来源：奉化广电锦凤网）

每年春忙时节，布袋和尚都会帮助村里乡亲种水稻，边插秧边唱歌：“手捏青苗种福田，低头便见水中天，六根清净方成稻（道），后退原来是向前。”

有一年水稻歉收，各家口粮不多，乡亲们为了节省经常要挨着饿干农活。布袋和尚就想了个办法，教大家用省下的碎糯米碾成粉做成糕，蒸熟后香糯美味又很耐饥，帮助大家渡过了难关。因糕点形状雪白如玉，为求吉祥，取名“玉祥糕”。

布袋和尚圆寂于奉化岳林寺，留下辞世偈：“弥勒真弥勒，分身千百亿，时时示时人，时人自不识。”人们这才悟到，原来这位胖大“欢喜和尚”就是弥勒佛的化身。于是乡亲们用玉祥糕祭奠布袋和尚。后来每到逢年过节，奉化

① 王自强.记忆上海：南京路百年老店[M].北京：生活·读书·新知三联书店，2011：125 — 126.

当地都有吃玉祥糕的习俗，“吃块玉祥糕，好事能呈祥”。[1]

二、歌谣与谚语

1. 歌谣

（1）拜岁拜嘴巴

拜岁拜嘴巴，

坐落瓜子茶，

猪油汤团烫嘴巴。

汤团是宁波人不可或缺的春节主食。这首古老的童谣，生动形象地描绘了宁波人对汤团的独特情感。

（2）三更四更半夜头

三更四更半夜头，要吃汤团“缸鸭狗”。

一碗下肚勿肯走，两碗三碗发瘾头。

一摸袋袋钱勿够，脱落布衫当押头。

这个歌谣说的是缸鸭狗这家百年老字号。猪油汤圆一直是缸鸭狗的镇店之宝，独具香、甜、鲜、滑、糯的特点，咬开皮子，油香四溢。

（3）宁波糕点弗推扳

宁波糕点弗推扳，吃起味道交关赞。

猪油汤团烫下巴，吃勒嘴巴油挪挪。

升阳泰、方怡和，董生阳加同和，

奶油蛋糕面盆大，味精香糕没夹笋，

苔生片、绿豆糕，千层饼、豆酥糖。[2]

还有城隍庙小热昏，专卖百草梨膏糖。

歌谣描写了宁波盛产糕点，味道非常好，“猪油汤团烫下巴，吃勒嘴巴油挪挪”描写了宁波猪油汤团的特点，而“升阳泰、方怡和，董生阳加同和”是宁波有名的老字号，奶油蛋糕、味精香糕、苔生片、绿豆糕、千层饼、豆酥糖是这些老字号的名品。

---

① 晚安宁波微信公众号：晚安宁波（NightNingbo）。

② 金普森，孙善根.宁波帮大辞典[M]. 宁波：宁波出版社，2001：465.

（4）缸鸭狗卖汤圆

缸鸭狗卖汤团；五老峰卖香肠；

楼茂记卖香干；赵大有卖金团；

老大有卖高包；董生阳卖橘饼；

宝兴斋卖肉包；孟大茂卖香糕；

……①

歌谣唱出了当时的名店名品。

（5）正月马灯跑又跑

正月马灯跑又跑，

阿姆阿婶撩年糕，

年糕吃没馈也好。

以前，年糕的贮藏条件不好，经常以水浸，能保鲜数月，所以需用的时候，就要去水里捞，宁波方言为“撩”。②

（6）摇呀摇，小船往南摇

摇呀摇，小船往南摇；

摇到外婆桥，外婆叫阿拉（我）吃年糕；吃之年糕年年高。

外婆还要拿出糖一包，果一包；问侬（你）宝宝好勿好？

宝宝话格（说）好，好，好！

这是余姚丈亭一带的童谣。

（7）十一月结籽十一月种

十一月结籽十一月种，打糖划糕闹丛丛；

灶前灶后吃没长工份，担水劈柴叫长工。

十二月结籽十二月种，麻糍糕粽落蒸笼；

吃没糕粽落喉咙，算盘一答就落工。

这是宁海一市一带的歌谣，反映了从十一月到十二月做麻糍糕粽的热闹景象。

（8）一只粽子四只角

一只粽子四只角，

① 金普森，孙善根.宁波帮大辞典[M]. 宁波：宁波出版社，2001：464.

② 金普森，孙善根.宁波帮大辞典[M]. 宁波：宁波出版社，2001：467.

解系脱壳，

绕线割肉，

用筷横笃。

歌谣是对宁波人吃粽子的形象描述。

（9）八月十六中秋天

八月十六中秋天，

月饼馅子裹得甜；

新米松糕红印添，

四亲八眷都送遍。

节日时间特别而且一直延续并深入人心，旧时宁波府所辖的县，均以八月十六为中秋节。

（10）八月十六月亮圆

八月十六月亮圆，

月亮光下饼儿圆，

月饼下面碟子圆，

碟子下面桌子圆，

赏月围坐大团圆。

（11）正月团，正月糕

正月团，正月糕，

十四夜吃汤圆，

清明吃艾草，

四月八吃柴脑，

端午笋壳包，

六月六尝新吃麦糕，

八月十六蒸洋糕，

九月重阳麻糍糍，

冬至汤圆，

年夜饭大团圆。

先民讲究饮食。一年之际，从正月到十二月，每月都有一个月节。充分表达了“民以食为天”的观念。

（12）梅时茯苓糕

梅时茯苓糕，

端午江豆粽。

中秋苔条月，

冻米麻枣红。

宁式糕点讲究应时。梅雨时节，天气潮湿。不宜做干硬酥脆的糕点。茯苓糕、绿豆糕之类的最相宜了。慈城有百年老店穗芳，梅时糕点做得最好。宁波人端午做粽子，往往做得很大，一个人吃不完，多数不包出细长的锐角来，像一个铺盖，叫横包粽，用毛竹的大箬壳包。

中秋时节，宁波的月饼主要两种：苔条月饼和猪油白糖的水晶月饼。

（13）过年民谣

犁冲拄大门，捣臼搡年糕，

宰牲谢天地，欢喜过新年。

每年阴历年底，是农民一年劳累告一段落的时间，也是一年劳动果实收获的时节，在这合家高兴、分享清福的时候，民俗中有这一民谣。[①]

2. 宁波老话

（1）反映生活习俗

一礼还一礼，麻糍还糯米。

宁波地方讲究人情往来，“邻舍碗对碗，亲眷盘对盘”。

隔壁捣麻糍，夜饭不用煮。

这是象山丹西一带的谚语，反映象山人客气，麻糍捣好后，要送给左邻右舍。

阿黄搡年糕，出力不讨好。

过去搡年糕一定要身强力壮的青年人，此俗语是说力气不足的人搡年糕不行。所以另一句谚语这样说：

■ 印糕

① 《镇海县农业志》编纂委员会.镇海县农业志暨镇海区、北仑区农业志[M].北京：中华书局，2001：725.

“年糕搡到底，后生好力气。”

冬制硬糕夏制软，

松花火炙百病宜。

宁波三北茶食糕点大致分为硬式和软式两类。火炙糕、荷叶细糕、松花印糕等为硬糕，而松仁糕、枣泥糕、茯苓糕等则为软糕。松仁糕等软糕多在春夏制作，所以在三北地区有着这样的说法：

十二月廿三祭灶君，五色灶果摆当中。

吃了祭灶果，今年要假假个。

俗语：假假个，明朝拨侬吃祭灶果。“假”，相当于普通话的“乖”，指小孩听话、不闹。①

■油果

一张灶君像，粘在灶头边，一包包的祭灶果是用厚粗草纸包起来的，号称“斧头包”，里面有红球、白球、麻球（也称麻灶）、油果、脚骨糖、寸金糖……将祭灶果放至灶台上，祈祷来年风调雨顺，五谷丰登，年年有余……吃了祭灶果，这个年才算完整。

正月十四夜，家家丫头羹。

宁波一带于农历正月十四吃丫头羹的习俗非常普及。丫头羹类似一种甜食，和百宝粥差不多，其用料丰富，有糯米小圆子、年糕丁、花生仁、赤豆、莲心、枣子、桂圆等，加入白糖、桂花做成，口感香甜糯滑。丫头羹还可以外加核桃、白果、地栗、芝麻、蜜饯，但这一般都是生活考究的人家做的，普通百姓只要有小圆子、年糕丁等基本主料寓意团团圆圆就可以了。丫头羹又叫甜羹、八果羹。

清明拿麻糍，见人头分麻糍。

麻糍是旧时宁波上坟节令的传统食品。清明上坟，扫墓人家须准备大量麻糍，分赠给坟墓附近的坟亲。坟亲是代坟主照看坟地的人，负责看顾坟地，

① 周志锋.周志锋解说宁波话[M].北京：语文出版社，2012：120.

铲除芜杂，并非有血缘的亲戚，多数是附近的农民。祭祀后，墓裔为示亲睦，按人分发麻糍，大家欢领而去。民间所讲的“清明拿麻糍，见人头分麻糍”之说盖出于此。

（2）反映节庆、农事习俗

上灯汤果，落灯团。

民间对元宵节也有浓厚兴趣，有正月十三“上灯”、正月十八“落灯”之说。元宵节自农历正月十三就开始，到正月十八结束，为时五天，家家户户张灯结彩，鞭炮不断。

“上灯汤果落灯团”，讲的是正月十三夜上灯时要吃汤果，落灯时要吃金团，而金团就是松花青金团。

《全宋词》里有南宋丞相史浩咏圆子的两首词，圆子也就是宁波人说的汤果，可见汤果自南宋时代就有了。

史浩的词写得很美：“玉屑轻盈，鲛绡霎时铺遍。看仙娥、骋些神变。咄嗟间，如撒下真珠一串。火方燃，汤初滚，尽浮锅面。”（《粉蝶儿・咏圆子》）

把做汤果的女人比作仙娥，把汤果比作珍珠。玉碗、鲛绡是做汤果的工具，可见汤果在文人心中地位不凡。

清明麻糍立夏团。

清明扫墓吃餍餈，立夏称人防疰夏。

由于麻糍在宁波老话中谐音是“呒事”，在宁波人心目中麻糍寓意平安无事。麻糍还是宁波清明祭祀的主祭品。

清明麻糍苦如楝。

这句谚语告诉务农的村民，吃了清明麻糍就意味着春耕生产的大忙季节来到了，田间要精耕细作，要哺谷子、要育秧苗，一年的辛苦劳作开始了。

四月八，麻糍乌搭搭。

这是宁海一市一带的民谚，说明每年到四月初八，家家户户都有捣乌饭麻糍为牛做生日的习俗。

冬红花糕夏至面，吃之像格牛介健。

在慈溪民间，人们都习惯把端午节叫作“冬红节”。在冬红节家家户户要裹糯米粽子，做花糕，吃冬红蛋，炒燥大豆。

端午乌馒重阳粽。

旧时慈城端午与其他地方不同，不吃粽子，家家户户吃乌馒头、骆驼蹄糕和蜂糕，并用以祭祀先人和馈送亲友。乌馒头为慈城特有的食品。而旧时慈城九月重阳的习俗为裹粽子、吃粽子，一般是四方形粽子，也称横包粽。[①]

吃了立夏米鸭蛋，起早落夜莫偷懒。

米鸭蛋是立夏时节宁波奉化一带农村的特定点心。

奉化一带的米鸭蛋制作技艺据传始于宋朝，明、清至20世纪七八十年代在农村盛行，特别是农户家庭。时至今日，奉化一带在立夏时仍有做米鸭蛋的习俗。

吃了五月粽，棉衣不可送。

过了端午节，天气才渐渐变得暖和起来，但还会有变化。

十月半，牵磨裹团斋三官。

农历十月十五，是古老的下元节，为中国民间传统节日。

下元节的来历与道教有关。道家有三官，天官、地官、水官，谓天官赐福，地官赦罪，水官解厄。

水官即大禹，道教谓农历十月十五这一天是水官菩萨生日，相传当天是大禹下凡，为民解厄之日。是日，道观做道场，民间则祭祀亡灵，并祈求下元水官排忧解难。随着日月的流逝，下元节在民间逐步演化为多备丰盛菜肴、享祭祖先亡灵、祈求福禄祯祥的传统祭祀节日。

冬至汤果快活丸。

冬至在我国大部分地区夜长日短，而且那时种植的粮食作物都已收进仓库，农民进入冬闲时节，故宁波象山民间有一俗语："冬至汤果快活丸 。"

象山县新桥镇一带的习俗是，那天家家户户都会包肉包汤果，一家人团团圆圆吃汤果，吃了汤果人人增加一岁，也就是说要吃过冬至汤果才算长一岁。

吃了祭灶果，脚骨健健过。

十二月廿三各家祭灶，晚饭后于灶龛前设供，以糖茶、饧糕祭灶君，饧糕俗称祭灶果，有红球、白球、麻球、油果、寸金糖、脚骨糖、白交切、黑交切等，或8色，或12色，吃到嘴里都是又甜又黏。

---

① 宁波市江北区慈城镇文学艺术界联合会.风流千古说慈城[M].宁波：宁波出版社，2007：159.

读书小人对夜课，大同大有包南货。

“斧头包”和“四方包”为宁波南货业独创。它是以用稻草原料制成的厚斗纸为包装材料的两种风行一时的包装形式。[①]后来宁波大有南货号对“三角包”“斧头包”进行了包装改革，独家推出了花盒和纸袋。纸袋纸张坚韧、印刷美观。花盒上面的图案含义多样，中间一套鲜艳的荷花圈，象征着荷叶、荷花、莲蓬、藕，俗称“四合如意”；一对盛开的荷花，寓意是“并蒂莲花”；莲子，寓意是“早生贵子”；藕，寓意是“佳偶天成”“结侣如藕”。花盒和纸袋上还印有大有的字号及地址。其既美观大方，又克服了原包装易松散、粗糙的弊病，同时还起到了广告的作用，深受顾客欢迎，收到了很好的效果。旧时宁波童谣中，就有“读书小人对夜课，大同大有包南货”。[②]

大有兴，大同落。

在大有南货号开设之初，宁波南北货业中有大同、方怡和、董生阳、升阳泰四家，而由于大有经营得法，便后来居上，将开设在大有对面的大同收购了，所以有“大有兴，大同落”之说。

（3）反映特色点心

乡下人吃油包，背脊烫起泡。

由于赵大有的糕点做工精细，既可作充饥的点心，又能当送人的好礼，因此大受甬城百姓的青睐。尤其是住在偏远乡村的人，难得上一次城，都以吃到赵大有水晶油包和龙凤金团为荣。

此俗话的意思是说：乡下人没见过世面，只顾抬头吃油包，一不小心，滚烫的猪油馅就顺着嘴角流到了背脊上。话虽说得有点夸张，但赵大有水晶油包味美料足也可见一斑。

老酒三年陈，油包当点心。

水晶油包是宁波的传统名点之一。既能吃三年陈的黄酒，并且还有点心吃，确实是富足与闲情的写照！

白糖糯米饺，小人吃了打虎跳。

---

① 宁波市文化广电新闻出版局.甬上风华：宁波市非物质文化遗产大观·海曙卷[M]. 宁波：宁波出版社，2012：230.

② 宁波市文化广电新闻出版局.甬上风华：宁波市非物质文化遗产大观·海曙卷[M]. 宁波：宁波出版社，2012：247.

■ 油包

■ 糖炒年糕（2018年1月5日摄于宁波桂堂）

糯米饺实为糯糕，是上几代传下来的一种糯米制品，以水磨糯米粉拉成三条一寸阔的条子，绞成小旋涡形状，用大油锅炸，炸后再滚上细白糖，冷吃最有特色，因其味美，儿童大人都很喜欢吃 。宁波当地群众这句口头禅，就是形容该产品深受广大儿童喜爱。

荠菜肉丝炒年糕，灶君菩萨伸手捞。

宁波年糕的烹饪方法很多，林林总总有十几种，用野生的荠菜炒年糕就是其中之一。荠菜的鲜美加上年糕的滑糯，口味很好，所以民谚有此一说。

糖炒炒，油爆爆，吃得嘴角生大泡。

糖炒年糕是年糕的又一种食用方法，尤其在慈城一带，当中再加桂花，就是桂花炒年糕，白的年糕、黄的桂花、红的糖，色香味均引人入胜，引得人急吼吼想吃！

菜蕻炒年糕，越吃越馋痨。

此句极言菜蕻炒年糕的美味。

一根香糕，骗到彭桥。

这是慈溪、余姚一带老话，极言香糕之诱人。

彭桥，在浒山东南横河镇彭桥村，古属余姚，现划归慈溪市。香糕系米粉和白糖加香料调制，先用糕版，印成长方形、长两寸许（约七厘米）、五六分（约两厘米）见方的潮糕，然后在炉上焙干，外面微黄，内部雪白。香糕虽属低级食品，但其香甜松脆，味颇可口。还有掺入椒盐者，叫作椒盐香糕，别有滋味。“宁波鼓楼前大同南货号，及镇海西大街方一美南货号的出品，最享盛名。两家应市的香糕，除具备上述优点外，入口即化，不粘齿牙，为他号所不及者。”①

民间还有一种香糕叫“福建香糕”。这种香糕的形状完全是棺材的缩影，所以乡俗对于人死睏进棺材，就用“吃福建香糕”这句话来比喻。那么宁波人应该说吃宁波香糕为什么要说吃福建香糕呢？这是因为宁波的木材行出售的各种木材均采自闽省，故称为“福建香糕”。②

3. 谜语

四只脚向天，四只脚落地，尾巴会挑担，嘴巴流白馋。

（谜底：年糕榨箱）（镇海九龙湖镇）

石家姑娘，怪模怪样，牙在肚里，嘴在背上 。

（谜底：石磨）

吭鹅叫，雪里飘，三老大做橹摇。

（谜底：磨粉）（鄞州姜山镇）

石岩高，石岩低，石岩缝里雪花飞 。

（谜底：石磨磨粉）

上山压下山，配合搞生产；嘴巴吃进食，雪花满地飞。

（谜底：石磨磨粉 ）

金鸡叫，雪花飘，两个老大(慈城方言：意为船夫)同船摇。

（谜底：石磨磨粉）（江北慈城镇）

低低山，高高山，低低山头一群鹅，人客来了撵下河。

（谜底：汤团）

高高山头一群鹅，客人来了赶下河。

（谜底：汤圆）（慈溪庵东镇）

灶坑底下一朝鹅，客人来哉扑落河。

（谜底：汤圆）（慈溪新浦）

① 汤强.宁波乡谚浅解[M].台北：民生出版社，1988：126.
② 汤强.宁波乡谚浅解[M].台北：民生出版社，1988：126.

木鱼木鱼越摸越圆。

（谜底：汤圆）

白白胖胖一群鹅，贵客来了赶下河。

（谜底：汤圆）（慈溪胜山）

出生在山里，竹家加衣气，落水缚腰带，上来脱得精干净。

（谜底：粽子）（慈溪新浦）

下去说是青团果，出来好似白菜秧，

浑身如麻四开花，结个果实小南瓜。

（谜底：麻团）（东钱湖旅游度假区）

远看像蜡烛，近看像六谷，又好送年，又好祝福。

(谜底：松树花)（镇海九龙湖镇）

头戴稻桶帽，身穿滚龙袍，有人来开门，地下三股分。

(谜底：风箱扇谷)（镇海九龙湖）

第四章 宁式糕点的种类与常用器具

第一节 宁式糕点的种类

宁式糕点按制作方式可分为燥糕类、潮糕类、糖货类、油炸类、蛋糕类、酥饼类、月饼类、油面类、混合类等多种，品种多达200余种。

按选用原料区分，仅以苔菜作辅料的就有苔生片、苔菜千层酥、苔菜月饼、苔菜油赞子等20余种。

按经营品种又可分为喜庆、时令、常年三大类。

喜庆类如订婚定亲用的吉饼、油包，做生祝寿用的寿桃、蛋糕，婴儿满周、小孩上学用的状元糕等。

时令类如春季供应松仁糕、橘仁糕、枣仁糕、茯苓糕等，夏季供应薄荷糖、松子酥、玉和酥等，秋季供应月饼、桂花饼、洋钱饼、薄脆饼、绿豆糕、椒桃片等，冬季供应藕丝糖、豆酥糖、麻酥糖、牛皮糖、冻米糖、祭灶果等。

常年供应的品种，也包括喜庆类和时令类中的一部分，花色繁多，不胜枚举。①

一、传统名特糕点选介

1. 豆酥糖

豆酥糖又称三北豆酥糖、宁波豆酥糖，是宁波传统名特糕点、典型的宁式茶食，名扬江浙地区和海外。

据有关资料介绍，三北豆酥糖创始于清代，已经有悠久的制作历史。相传在一百多年前，余姚陆埠镇上开有一家叫乾丰的南货茶食店，豆酥糖是该店的一位宁波师傅试制成功的。由于配料考究，加工精细，制作的豆酥糖香甜可口，松脆无渣，入口即化，不粘牙齿，且香味独特，食后令人口齿留香，回味

① 周千军.月明故乡[M].宁波：宁波出版社，2006：267.

无穷，一时顾客盈门，名噪浙东，方圆数百里慕名争购者，络绎不绝。现在，余姚的陆埠镇、慈溪的周巷镇和沈师桥，以及宁波升阳泰旅游食品厂，是三北豆酥糖的主要产地和生产企业。

■ 豆酥糖（林旭飞摄）

制作豆酥糖的原料有白砂糖、饴糖、熟面粉、黄豆粉等，随着口味的不同，还有芝麻粉。优质的豆酥糖必须用当年的优质黄豆和芝麻为原料，才能使炒出来的黄豆粉和芝麻粉粉质细腻，香气浓郁。而饴糖的用料，须选取洁白晶莹的隔年陈糯米。这样，豆酥糖不仅美味，而且营养丰富，含蛋白质、碳水化合物及钙、磷、铁、胡萝卜素等多种营养成分。

宁波籍作家苏青写过散文名篇《豆酥糖》，以故乡特产豆酥糖为焦点，抒写他对故乡亲人的怀念。

2. 味精香糕

味精香糕是由小王糕发展起来的。它的特点是外表稍硬，内质疏松，咀嚼易碎，久放不坏，携带方便。

味精香糕是用粳米、糯米、砂糖、味精、松花、香料、盐等经过备粉、配糖、搓粉、划块、蒸制、焙烤而成的。将粳米、糯米按比例掺和淘净，沥干后轧成粉过筛，做成糕粉，并将其部分糕粉放入焙橱内烘成燥粉备用。按配方将轧细过筛后的糖与味精、盐拌匀，然后将糕粉、燥粉、辅料反复搓制，直待搓得稠熟、均匀又稍燥些放好。搓粉工序很重要，成品是否外硬内松，这是关键的一环。搓好的糕粉放入底版糕布上敷有松花的糕框内，按实四角，刮平表面，再筛上一层糕粉，用长刀搪平，并划成两厘米宽、八厘米长的糕坯，去掉木框后蒸制20分钟左右。然后入焙橱或烘炉焙烤。焙烤时火不宜过旺，以免焦黑。出炉后包装装箱，每包十块。

“味精香糕色泽焦黄光亮，四面焙烤均匀，块形平整，大小均匀，入口咀嚼易碎，是宁式各种燥糕中较有特色的一种。”①

当今，市面上已无这一传统糕点。

3. 云片糕

云片糕又名雪片糕，是宁波地区的传统糕类美食。其名称是由片薄、色白的特点而来的，其特点是质地滋润细软，犹如凝脂，能久藏不硬，在制作上颇为讲究。

云片糕的制作工艺考究，每一个步骤都充满了经验和技巧。首先是制作糕粉和反砂糖，将糯米炒爆成米花再粉碎制成糕粉，将白砂糖熬成糖浆，倒入搅拌机后再加入麦芽糖反复搅拌便是反砂糖；接着是将反砂糖、糕粉和芝麻、榄仁、橙膏等配料按一定的比例混合，用压筒反复揉压至充分融合，再将其倒入特制的模具压成方块状制作成糕心；第三步是夹心，在特制的模具内加入糕粉压实作底面，把糕心放在中间，再在上面加上糕粉做糕面，然后用特制的筒压实，雪白香软的糕点便制成了；最后还得用切片机把糕点切成薄片，让它自然凝结成形。

云片糕是宁波地区最常见的美味点心之一。每逢婚丧等大事喜事，老百姓都要置办一些食品糕点分发到村里每户人家，其中一般都有云片糕。

■ 松仁糕

4. 松仁糕

松仁糕是传统宁式糕点，顾名思义，其中含有松仁做成的内馅。

松仁糕还有个别名为桂花松仁糕，指的是在制作中添加了桂花。松仁糕用料讲究，精细制作。将优质的糯米粉、面粉、松子仁、桂花、糖、熟油等按比例混合后，

① 食品科技杂志社.中国糕点集锦[M].北京：中国旅游出版社，1983：67.

■ 玉荷酥

■ 各式印糕

揉搓成糕装的馅料。在模具中筛入糯米粉与糖的混合物，放入松子馅料后再筛粉压制即可。可根据喜好划分成大小相等的块状，也可在中间再筛一层粉，制成双层松仁糕，口感更为丰富。

松仁糕口感上质地松软，松子香气浓郁，十分适口。

5. 玉荷酥

玉荷酥属宁式糕点著名产品，最早创始于宁波三北地区。它表面洁白如玉，形如荷花，形状逼真。玉荷酥表面为玉白色，底部为黑灰色，粉质细腻，底料、面料均匀，上口香甜。

6. 印糕

印糕基本上是圆形小块，表面呈松黄色，甜而酥。它价格较廉，印有各种图案，儿童多作为糖果食用。由于印糕耐保存，也适宜作为旅行时的干粮。

7. 状元糕

状元糕的制作虽然各区域有所不同，但其美好的寓意则是万变不离其宗的。“婴儿出生、满月、周岁、老人祝寿、先人做周年都用状元糕。用状元糕祭供祖宗，然后分给邻居共享，寓意吉祥如意，子子孙孙出状元。”①

尤其是孩子上学，讲究点的人家，尤其是大户人家，外婆家会挑来一担

① 宁波市文化广电新闻出版局.甬上风物：宁波市非物质文化遗产田野调查·鄞州区·钟公庙街道[M].宁波：宁波出版社，2009：62

1. 状元糕1（慈溪鸣鹤永旺斋老刘糕点）
2. 状元糕2（宝舜公司供图）
3、4. 蟹壳黄（林旭飞摄）

“状元担”，也叫上学担。这“状元担”是比较隆重的，一般要派舅舅挑来，一共有好几样物品，其中状元糕是必备的。顾名思义，状元糕当然是希望孩子学习好，以后能高中状元。民国时期泗门人谢翘的《泗门竹枝词》之“开学”写道：

芝兰子弟擅英髦，六岁开蒙喜气高。

合是宁家贤相宅，外婆先贺状元糕。①

8. 蟹壳黄

蟹壳黄因色黄形似蟹壳而得名。其形椭圆，微凸，中空，上密撒芝麻。

“甬上过去市面上卖的蟹壳黄无论配料还是加工过程、制作原料，都十分讲究。”②

① 朱红群，许国庆.“余韵姚风”进课堂[M].杭州：浙江大学出版社，2015：57.

② 周达章，周娴华.宁波老事体[M]. 宁波：宁波出版社，2014：51.

蟹壳黄的原料主要是上等面粉、酥油、芝麻、葱末和猪油粒的馅子，需经过四五个小时的发酵，反复多次的搓、揉、捏等工序。

成品蟹壳黄，外脆里酥，轻咬一口，层层酥面散落进嘴里，再一口，唇齿生香。

9. 浆板（酒酿）圆子

圆子，特别是宁波人的圆子，比汤团小，无馅，一般与酒酿一起煮，放糖，故称“酒酿圆子”，酒酿宁波人称为浆板。热一下，加小糯米圆子。

■ 酒酿圆子（2018年9月18日摄于阿拉宁波缸鸭狗店）

宋代的史浩（1106—1194），字直翁，明州鄞县（今宁波）人。官右丞相，封魏国公，进太师。

他有两首词咏及圆子，其一，《人月圆·咏圆子》：

骄云不向天边聚，密霜自飞空。佳人纤手，霎时造化，珠走盘中。六街灯市，争圆斗小，玉碗频供。香浮兰麝，寒消齿颊，粉脸生红。

这是写元宵节灯市上人们吃圆子的。

其二，《粉蝶儿·咏圆子》：

看仙娥，骋些神变。咄嗟间，如撒下真珠一串。火方燃，汤初滚，尽浮锅面。歌楼酒垆，今宵任伊索唤，那佳人，怎生得见？更添糖，拼折本，供他几碗。浪儿们，得我这些方便。

这是写元宵夜歌楼酒店做圆子、煮圆子、卖圆子的。把圆子写活写绝了。酒垆：卖酒处安置酒瓮的砌台，借指酒肆、酒店。浪儿：风流子弟。

词中把做圆子的女人比作仙娥，把圆子比作珍珠。玉碗、鲛绡那是做圆子的工具，全词把做圆子，吃圆子，加糖，到吃完后消寒生热的感觉写得惟妙惟肖。

10. 吉饼

吉饼是宁式糕点中的包馅类产品，历史悠久，相传始于明朝，是春节期

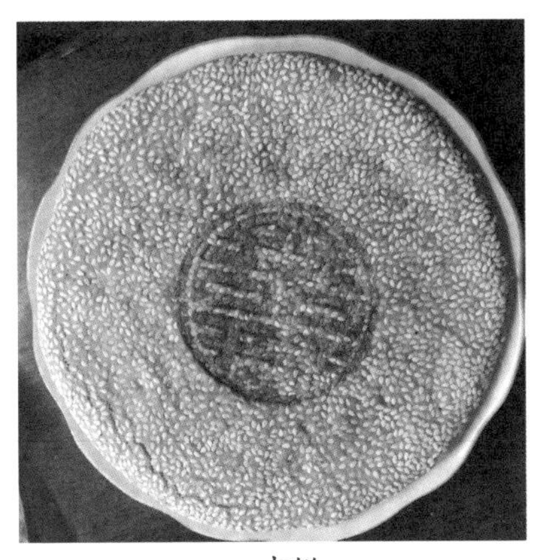

■ 吉饼

■ 苔菜月饼

间祠堂供奉的祭品。吉饼配料纯正，色泽洁白，红印居中，也是婚礼、节日馈赠佳品，有喜庆吉祥之意。

11. 苔菜月饼

苔菜月饼是极具地方特色的传统糕点。它“始于元朝末年(1368年)，至今已有600余年历史。以升阳泰南货店的苔菜月饼最为著名。它选料严格，做工讲究，主要原料选用上白面粉、优质冬苔、精制白糖和小车麻油；经过整工调料、配馅、烘烤，制作成外形饱满匀称的扁鼓形月饼。其特点是：表面油润金黄，馅心苔绿，酥层分明，质地松软，甜润清香，系宁式月饼的佳品”[①]。

口感：甜中带咸，咸里透鲜，有苔菜的特殊香味。

12. 苔菜油赞子

苔菜油赞子是宁波地区有名的特产。它长三厘米左右，表面呈绿色，四根细小的油条子绕绞在一起，小巧玲珑。由于制作时掺入了苔菜粉和少量食盐，口感咸里透鲜，香酥可口。

13. 百果羹（丫头羹）

丫头羹是甜食，“类似百果甜羹，若作料普通，仅用糯米小圆子、年糕丁、花生仁、赤豆、莲心、枣子、桂圆等，加入白糖、桂花配合而成，香甜糯滑，别具风味。考究一点的，外加栗子、核桃、白果、地栗、橘瓤、油枣、瓜子仁、芝麻，及各色各样的蜜饯，味更可口。每户人家可视各自的口味爱好，自由调制成甜、酸、咸、香、辣各种味道”[②]。清代的张振夔在《蛟川竹枝词》中写道：

① 《宁波词典》编委会.宁波词典[M].上海：复旦大学出版社，1992：434.
② 张如安.宁波历代饮食诗歌选注[M].杭州：浙江大学出版社，2014：56.

准备元宵三日餐，丫头羹熟坐团团。

儿娇女宠争滋味，乍道甜来又道酸。

张振夔另有《风俗咏》一诗，为研究丫头羹提供了弥足珍贵的第一手史料："春正月十四，陈侯有佳馈。云是丫头羹，风味君且试……兼用盈六物，糜烂混一类。瓜果暨薯蓣，枣杏杂饆饠。汤玉糟云并，姜辛桂辣备。缕切棋子同，名质团油譬。胶牙甘似饴，适腹腐于豉。五侯鲭略同，百氏浆差异……"诗中披露了180年前正宗丫头羹的配料：红枣、杏仁、南瓜、芋艿、莲子、酒糟、生姜、桂皮、辣椒等，大赞丫头羹"格破成大始"，创元宵名吃，堪比佳肴"五侯鲭（汉代有名菜肴）""百氏浆"。

14. 苔生片

苔生片是传统产品。它采用上白面粉、花生仁、白砂糖和冬苔菜等为原料。将糯米粉拌白糖，调配苔菜末和花生仁成糕粉团，再经过压块、炖糕、切片和烘烤等工序，制成方形薄片。成品生仁分布均匀，紧贴不脱，色呈淡黄彩绿，质地松脆，甜咸适中，具有苔菜之清香和生仁之松脆。①

■ 苔生片

苔生片是宁式片糕的代表品种之一。不少片糕生产季节性较强，而苔生片却可长年生产，产品具有香、松、脆和苔菜咸鲜味等特点，深受群众欢迎。

15. 碱水粽

宁波民谣《十二月节气歌》中有"五月白糖揾粽子，六月桥头摇扇子"，以及"酒入雄黄粽子香，要尝味道到端阳"的说法。

尽管现在各种粽子应有尽有，但很多宁波人心里惦记的，还是那最不起眼的碱水粽。它用食用碱制作，更地道的，用豆壳烧灰加水过滤成汁制成。宁波碱水粽还有一个独特之处，就是其粽叶用的是较大较宽的老黄箬叶，暗色的

① 《宁波词典》编委会.宁波词典[M].上海：复旦大学出版社，1992：435.

箬壳上点缀着不规则的斑点，看起来有点像豹纹，宁波人俗称“箬壳”。箬壳是毛笋在成长为竹的过程中层层脱落的竹皮。用来包粽子的箬壳，最好取竹子嫩头处脱落的、宽十厘米左右的。将箬壳洗净晒干，等到端午时，还要拿到水里泡软捋平才能用。人们在端午的前一天裹好粽子，放在大灶锅里焐上一夜；第二天一早揭开锅子，腾腾的热气和诱人的粽香立刻扑面而来。剥去箬壳后的糯米粽，因碱水浸泡的缘故，里面的粽子也是半透明的金黄色，晶莹剔透犹如田黄石，清香扑鼻，蘸上少许白糖，吃起来又糯又稠，滑溜爽口，是老宁波儿时的味道。

碱水粽是宁波地区最有代表性的端午食俗。

16. 百果糕

百果糕是宁波初夏季节的时令糕点之一，它在选料和制作方法上都很讲究。

百果糕采用糯米粉、粳米粉、白糖、核桃仁、芝麻、香油以及橘红和樱桃等多种蜜饯制成。

“先将核桃仁去衣、炸酥，与多种蜜饯、白糖和芝麻调配，经精工切、擀，拌，配制成百果饯；糯米粉与粳米粉搭配成吊浆粉，做成块糕，蒸熟，稍冷，拌上香油，反复折叠沾取白糖，然后揉匀，再抹上香油，切成长条，一层层撒上百果蜜饯即成。”[①]

色泽：玉白色，其上色彩缤纷。口感：有各种果仁香味，软糯适度，甜润可口，香味馥郁。

■ 百果糕（2018年4月13日摄）

17. 千层饼

千层饼也是宁波的特色产品，被称为“天下第一饼”。它的外形四方，内分27层，层次分明，金黄透绿，香酥松脆，甜中带咸，咸里带鲜，风味独特，食后令人口齿留香。

① 《宁波词典》编委会.宁波词典[M].上海：复旦大学出版社，1992：438.

■ 千层饼（2017年11月10日摄于食品博览会）

据说，溪口千层饼自创始人王毛龙于清代光绪四年（1878年）开始制作至今，已有100多年的历史。王毛龙摸索着改进了饼的加工方法，用黄泥制成专用烤炉，还增加了甜、咸好几种味道，做出的千层饼口味独特，成了溪口的名特产。而其被称为“天下第一饼”，还另有原因。奉化溪口是蒋介石的家乡，蒋氏掌权后很想念家乡特产，曾派人把王家后人叫到身边，专门为他烤制家乡小饼，还不断地请人品尝，这种小饼因而名气日隆，最后竟被誉为“天下第一饼”。

如今的溪口街头，千层饼店众多，其中王毛龙千层饼店由王毛龙第四代传人王令棋经营，质量上乘，生意兴隆。除王毛龙老店外，还有王老头千层饼店、蒋盛泰老店、陈氏店等，它们在溪口镇武岭路上一字排开，大大小小不下几十家，各家都有专用烤炉，讲究现烤现卖。

“20世纪90年代，柬埔寨国家元首西哈努克亲王和夫人访华，来奉化溪口观光，品尝溪口千层饼后，赞不绝口，称其为御用糕点。”“2004年10月，溪口千层饼经国家质量监督检验检疫总局认定为‘原产地保护’，注册证号为0000269。”①

18. 橘红糕

“橘红糕”是一道传统糕点。它造型玲珑，颜色润泽如玉，入口糯韧适中，软而不粘齿，还有一股淡淡的金橘香，味美润喉。因为含有金橘末以及中

① 宁波出入境检验检疫局，国家质量监督检验检疫局.中国地理标志产品大典·浙江卷五[M].北京：中国质检出版社，中国标准出版社，2014：115，117.

心的那点“红”，被人们形象地称为橘红糕。在宁波的一些地方也叫“汤果糕”。

■ 传统橘红糕

橘红糕，制作历史悠久。因为其寓意吉祥，宁波一些地方将其作为婚嫁时必不可少的“新娘糖”，也被喻为“结红”，就是祝愿新婚夫妇从头结发，一片红心，爱情永固，百年偕老。据说，“以前朝廷官员下来视察，在他们落轿休息时，地方官员乡绅也会送上橘红糕款待”[①]。

橘红糕的制作多在春秋两季。制作过程：将金橘饼切碎，然后在案板上倒上熟糯米粉，窝成“窠”状，加入金橘饼末、白砂糖、植物油，倒入热水拌匀，继而揉搓成光滑的面团。多次揉搓面团后，将之切割成细长条，最后再切成剂子，撒上熟干粉。整个过程近一个小时，其间通过撒粉、加水等方式，掌控橘红糕的干湿度。

老底子做橘红糕选料很讲究。比如选用两广产的优质白砂糖；金橘饼用北仑柴桥腌制出产的，色泽金黄味道香；研磨炒制的熟糯米粉选自本地种植的优质糯米。而且和面前加在糯米粉里的水一定要烧开，在面团揉捏力道、干湿度把控上不能有一点马虎。

慈溪鸣鹤古镇永旺斋糕饼店的刘皇浩师傅与橘红糕打了近70年交道。老顾客都说，老刘做的糕点当中有一股纯粹又很传统的老味道，清甜可口。

《本草纲目》中记载：“金橘，气味酸甘，温，无毒。主治下气快膈止渴，解酒辟臭。”金橘不但有较高的营养价值，还有一定的医疗功效。因此，以金橘为原料制作出来的橘红糕，不但好吃，还有一定的营养价值和医疗效果。

二、地方风味选介

1. 象山萝卜团、红豆团

相传约在北宋初期，聪明、勤劳的象山人用各种鲜美佳肴作馅，包入米

① 陈章升，黄克纯.百年橘红糕期待“华丽转身”[EB/OL].[2017-08-23].http://www.cnnb.com.cn/.

■萝卜团

■红豆团（图片由宝舜公司提供）

粉中，成为最初的米团。随着时代的前进，人们制作的馅子越来越精美、讲究。终于成了现在的红豆团、（鲜）菜团、萝卜团 、笋团等。

萝卜团是象山独有的点心之一，它味美润口，是象山人民家家喜吃的主点之一。有县外客人来象山作客，食此后赞不绝口，久久难忘。

据传，萝卜团还有一段故事，它最早是象山一户人家的媳妇创制的。

萝卜团和红豆团。前者鲜香，后者甜沙，每到腊月末，家家户户都要做上几锅萝卜团和红豆团备着，讨个团团圆圆甜甜蜜蜜的好彩头。

萝卜团的味道别具特色，其原料采用象山白萝卜，必须是新上市的象山白萝卜，脆而多汁，甘甜生津，口感极好。搭配猪肉、冬笋、香干、鸡蛋、姜，佐以猪油、盐、味精等。将萝卜洗净，刨丝，水焯一下，捞出，在清水中浸泡一小时后，再捞出，挤干水分，待用；备好猪肉、冬笋、香干切丁；鸡蛋摊成蛋皮，切丝；锅内放猪油、姜末，炒出香味，再放入全部食材，调味，熟后盛盆。

萝卜团的面皮需要用到两种米粉，糯米粉和粳米粉，其中比例也是至关重要的。以2 ∶ 3的比例，手工米面皮糯香韧滑。

红豆团，顾名思义，以红豆为主馅。将红豆熬至熟烂，捣磨成沙，加点桂花干，翻炒出香。面皮也与萝卜团相同，包馅搓圆，在温水中浸泡片刻，裹上一层糯米，再往头上轻点一点染红后的糯米，即可上笼蒸热。红豆团有人称其为“红头团”。因刚出锅时，包裹着的糯米晶莹剔透，粒粒分明，头上一点红。红豆团入口嫩滑，甜而不腻，红豆沙的绵软，混着淡淡桂花香。

2. 慈溪线板糖

顾名思义，线板糖形状像老底子的“线板”。线板糖外撒芝麻，是白芝麻，里面裹馅，也有芝麻，是黄芝麻和麦芽糖。一口咬下去，除了麦芽的香甜，还有馅料的酥脆。

清代乾隆年间，慈溪道林镇开始出现线板糖手艺。目前，有“诸记德和糖坊”较为著名。制糖行业流传一句古话“人不入糖坊，牛不入磨坊”，这个行业的辛苦可想而知。

■ 线板糖

线板糖，工艺流程比较复杂。第一步要炒芝麻，接下来便是熬糖，大概需要熬制一个半小时，第三步是搅糖，然后拉糖，反复拉丝等到糖丝均匀、细腻、颜色一致，才能结束。拉糖是一件体力活，手要稳，力量要均匀。

揉好的糖体要包上馅料，下面就要进入紧张的捏糖环节，糖体变硬很快，必须在20分钟内拉完所有糖。由一位师傅在中间按压，另一师傅在后面推，还有一个师傅在前面拉，马不停蹄。刚从烧红的炭火里拿出的刀，按在线板糖上还发出滋滋的声响，诸师傅麻溜地将一条条的线板糖切割成了一块一块。凉透后最后上芝麻。

因为做线板糖技术要求高，还需要很好的体力。慈溪现在会做正宗线板糖、葱管糖的人可能就只剩三四个了。

3. 奉化“酱烤猪头”

最早的酱烤猪头确实是有猪头肉的，可以称为“猪头肉加咸光饼”。

■ 酱烤猪头

有关它的来历，还得从当年戚继光抗

倭说起。明代嘉靖年间，戚继光率部在浙江沿海阻击倭寇，且屡战屡胜，原因之一在于戚家军军纪严明，治军有方。每次出征，士兵都是自带干粮，从不扰民，更不会接受百姓相赠的犒劳品。

有一次，戚继光率部在奉化沿海奋力抗击倭寇，当地百姓自发地要慰劳戚家军，但又担心会被拒之门外。经仔细观察，发现供给士兵的军粮是中间留孔，用线串联起来的一个个麦饼，可带在身上，需要时充饥。于是百姓们灵机一动，把传统的咸光饼加入猪肉，做成和军粮相似形状的饼，用咸光饼盖住猪肉，以假乱真，送到军中。

戚继光见后误以为是单一的军粮，且战士所带干粮也所剩无几了，便破例收下了。之后民间百姓把此事传为美谈，并纷纷效仿咸光饼加猪肉的制作工艺。

所以“酱烤猪头”实际上应该为“酱烤猪头酥饼”。

猪头肉放在饼里储存时间只有一两天，放久了会变质，所以现在奉化民间办酒席都是把猪头肉去掉，直接变成拔丝酥饼，变成一种小吃。经过相当长时间的改良和创新，原有的“干粮”却演变成了一道具有地方特色的名点。成为没有猪头的“酱烤猪头”，原料主要是咸光饼、冰糖。

薄脆的咸光饼裹上熬得焦黄的糖浆，撒上芝麻和红绿丝，夹一筷起来，是拉扯不断的糖丝，一口咬下去，先是甜甜的糖浆，再就是酥脆的咸光饼。

4. 金岙松花汤团

松花汤团全身嫩黄嫩黄，还带一个翘尾巴，吃起来糯糯甜甜的，满嘴香味。在宁波市四明山镇、梁弄镇一带，有许多颇有盛名的特色食品，松花汤团就是其中一种。

■ 松花汤团

松花汤团做起来要分四个步骤：揉粉、包馅、下锅、裹粉。

裹粉的秘诀是“趁热打铁”。等汤团从锅里捞出来后，就要趁热铺在盘子上，再舀两三勺松花粉，均匀地撒在汤团上，撒好后，用筷子再拨几下，让汤团在松花粉里“滚一滚”，滚好后的汤团就可以吃了。

李时珍在《本草纲目》中对松花有这样记载，松花有润心肺、益气、除风止血的功效，可主治头痛眩晕、泄泻下痢、湿疹湿疮、创伤出血等病症。

松花其实就是马尾松、油松、赤松、黑松的花粉，每年春节，有人上山专门采收松花，搓下花粉，筛选过后，收取细粉，晾晒，炒熟。

5. 石马塘灰汁团

石马塘，据宋代《宝庆四明志》记载属“石马里”，为鄞西桃源乡所辖的一里二村之一。石马塘地处鄞西水网地带，村子近河港处围筑石塘，故以“塘”代村名之。而如今的石马塘，因陆路交通改道，水上交通冷寂，不足百户的小村，仅村东50米的老街，依然保留着昔年古老朴实的水乡市集风貌。

■ 灰汁团（2017年8月24日摄于石马塘闻荣龙家庭作坊）

石马塘灰汁团始于1941年，至今已有70余年历史。1941年4月，石马塘灰汁团创始人洪顺来为避战乱，从宁波市区逃难到鄞州区西乡古林镇的石马塘。洪顺来在石马塘做起糕点生意，做的灰汁团凭着良好的原料及口感赢得大家好评，因而石马塘灰汁团的名声逐渐扩大。《宁波词典》有评价说：“灰汁团，农家时令点心，以鄞县蜃交乡石马塘灰汁团著称。”[①]

目前，石马塘灰汁团由闻荣龙一家经营，仍旧保持了其外公辈制作的灰汁团的特色。

石马塘灰汁团的模样粗拙可爱，呈茶色的浑圆状，像鸡蛋一样的大小，外面一圈是半透明的，吃起来特别有韧性，又因为添加了薄荷，所以吃起来清凉爽口，凉悠悠的，而且越凉越有味道。

6.丈亭抱子粽

抱子粽外用青箬叶，内裹白糯米。白米粽剥一个拿白糖沾着吃，清香可口。如果买家需要，里面还可加红枣或红豆。

---

① 《宁波词典》编委会.宁波词典[M].上海：复旦大学出版社，1992：438.

但这种粽子的用途主要取其意义。其主要用于催生，也用于婚礼、建房上梁等重要活动。在这些礼仪中，一般都用68个抱子粽。

抱子粽是几个粽子紧紧地抱在一起，就像是母亲与孩子的拥抱。从一只到五只。五只的被称为“五抱粽”，寓意五代见面，这是百姓的美好愿望。

■ 抱子粽（2018年2月26日摄于余姚丈亭“糕老章”）

7.象山夹沙糕

夹沙糕是流传于象山石浦一带的传统食品。

象山石浦一带的百姓蒸制夹沙糕的历史已经很久了。夹沙糕是谢年祭祀时的供品，也是春节里待客的点心。

夹沙糕在旧时是只有过年才能吃上的美食。通常，石浦人会在腊月廿三、廿四开始做夹沙糕。它的制作方法，大多在家庭母女之间或婆媳之间一代代传承。

■ 夹沙糕

夹沙糕的品名因原料的变化而略有不同。粳米、糯米掺和的叫“夹沙糕”，纯糯米蒸制的叫“糖糕”，用一层粉一层糖蒸制的叫“夹层糕”。做好的夹沙糕，等晾凉了，变硬了，切成片，及至除夕端上桌，是年夜饭上的一道诱人的甜点。

夹沙糕的制作过程大致如下：磨粉、拌粉、搓粉、蒸粉、成型。

取米数斤，其中糯米六成，粳米四成，俗称四六相掺，用水浸泡一夜后捞出晾干，而后将米磨成粉；取红糖或白糖若干，用开水化成糖露；取竹制晒簸一只，把粉与糖露掺和、拌匀，使糖的甜份被粉充分吸收；搓粉，将揿压过的粉用手搓松散；蒸粉，把搓好的粉倒进糕甑里，糕甑底部铺垫一层丝瓜络或布，再撒上一层海苔粉末以防糕直接粘住糕甑底部，粉装满糕甑后，将粉格平，再轻压一下；把装上粉的糕放进水已烧开的锅里用猛火烧，待粉蒸熟后，

■ 有馅米馒头

■ 实心米馒头（2018年2月4日摄于余姚农博会）

再将糕甑从锅里移出；用米筛搭在糕甑上，复转过来，把糕倒在筛子上，夹沙糕就这样做成了。

旧时，石浦人蒸夹沙糕时还有个讲究，那就是不允许陌生人走近灶边，所谓“生人要出生糕”。制作夹沙糕的工具大致有石磨、糕蒸、筛、划粉刀、铲、锅等，材料则包括糯米、粳米、糖、海苔粉末等。

8. 鹿亭有馅米馒头

米馒头取材于米浆粉。先浸米，约一天一夜，浸胀之后，将早米和糯米按一定比例混合，然后把这些米捣烂煮熟，用酒酿发酵，发酵需要20个小时左右。发酵好之后，米馒头的原材料就准备好了。等酵头起得刚好，拿了勺，舀到笼布上，放到蒸笼上蒸，蒸好后，盖上红印，或“福”或“发”，盖“福”的有馅，盖“发”的实心。

■ 老鼠糖球
（2018年2月4日摄于余姚农博会）

鹿亭米馒头的个头大，咬一口，软糯香甜，淡淡的米香味、酒酿味游离其中，酸酸甜甜，令人食欲大增。有馅的米馒头，掰开米皮，红色的豆沙馅儿缓缓流出，甜丝丝的香气也瞬间荡漾开来。

9. 慈溪老鼠糖球

老鼠糖球是慈溪的一种传统食品。老鼠糖球又叫水糖球，它色泽金黄，一头带有一条小的尾巴。

配料主要有麦芽糖、黑豆沙、松花和黄豆粉。金黄色的麦芽糖里头裹着红豆馅，再撒上松花和黄豆粉。以口感香糯、甜而不腻、不粘牙齿为上。

老鼠糖球的模样很可爱，口感软软的，甜度合适。

10. 三北凉冻梅糕

凉冻梅糕是三北人避暑消夏的特色名点，一般在梅子成熟、天气较热的时候自制，是一道人人爱吃的冷冻点心。①

■ 凉冻梅糕（图片来源：文化宁波）

凉冻梅糕的做法很简单。选取莲心、枣子、瓜子仁、橘饼、桂圆肉、荸荠片、桂花、白糖、红绿须及各式各样的果脯、蜜饯，合在一起，加水煮成甜羹，用上好的淀粉或者绿豆粉作牵头粉，使之凝成较厚的糊状，盛在较大的广口器皿中，置阴凉处，但不可入冰箱。待冷却后倒在干净的砧板上，切成块状装盘即可。

凉冻梅糕不仅外形透明美观，而且香甜糯滑，放冰箱里冷藏一段时间后，丝丝顺滑，清爽可口，风味独特。家庭制作，不需较多配料，可任意选取较为常见的食材，如苹果片、金橘皮等，佐以白糖就可制成。

因为凉冻梅糕在制作过程中加入了各式各样的水果、干果，不仅融合了百果香味，而且营养丰富，能够补充人体日常所需维生素。尤其是用百果和绿豆粉制作而成的凉冻梅糕不仅味美，还有解毒、利水、清热、健脾的功效。

凉冻梅糕是简单易做、营养丰富的消暑佳品。

11. 慈城茯苓糕

茯苓糕用粳米粉作原料，上下两层米饼做成后，中间配以芝麻白糖作馅（老底子也稍加茯苓泥），然后放进蒸笼里，用猛火蒸烧，直至熟透为止。

然后一笼一笼出售。每块约一寸见方，四边露馅，正面加盖红字印记，尝一口，又香又糯，甜而不腻。

① 林正秋.浙江旅游文化大辞典[M].北京：中国旅游出版社，2012：185.

茯苓糕为潮糕，要吃新鲜的，制成后，为了保持一定的潮润度，上面需盖湿布。

茯苓糕是农历二月里最时新的糕点，慈城人又称其为“活灵糕”，说是吃了这种糕，学子读书更用心，农人种田更有劲。

■ 刚出笼的茯苓糕（2018年4月1日摄于慈城邱永国师傅家）

旧时慈城各大南货店几乎都有售茯苓糕，尤以老字号穗芳、鼎懋、泰昌等几大家生产的口味最佳。

12. 东钱湖青麻糍

青麻糍的制作工艺主要包括筛粉、蒸煮、捣捶、擀面、撒粉、切块等过程。

糯米磨粉蒸熟，加上煮烂的艾青，再放入石臼用石杵进行上百次的捶打，撒上黄色松花粉（作用是防止粘连，同时松花粉本身也很有营养），然后切块，大多切做菱形。成品后的青麻糍外黄内绿，透着丝丝艾青特有的清香，吃一口软糯适中，不甜不腻，清香扑鼻。

■ 青麻糍（2019年1月24日摄于第30届宁波年货展销会）

东钱湖的青麻糍凭借其独特的口感、清甜淡雅的味道受到了人们的喜爱。

青麻糍主食材为野生艾草，艾草除了清香，更有药用价值。《本草纲目》记载：艾叶性温，味苦，具有理气血、逐湿寒、止血、安胎的功效。

在宁波，麻糍制作的历史已经很长了。使用麻糍的场合很多，除了清明，民间建房、种田和农历七月半等，几乎家家户户都要吃麻糍。

■ 早前轧米工具——木砻
（王升大博物馆藏品）

■ 石磨
（2018年11月16日摄于宁波食博会）

■ 风箱
（2018年2月15日摄于宁波慈城王家坝）

第二节 宁式糕点的常用器具

一、加工工具

在各类糕点的加工制作过程中，非常强调制作时使用的工具、制作步骤和次序，以及制作者的经验。

如制作金团的工具就有大缸、石磨、洋粉袋、蒸笼、案板、镬、大盘、模板和大圆扁篾等。

1. 原材料加工工具

粮食作物收获后，还要进行脱壳、去秕、磨粉等工艺。在没有碾米机的年代，办米要经过多道工序：一是“推”，通过推子脱去谷壳；二是“车”，用风车去掉谷壳；三是“舂”，在碓（即石臼）中把糙米变成熟米；四是“筛糠”，用糠筛把谷糠去掉；五是“筛米”，用米筛把残存的谷和碎米去掉。

在有机械助力之前，传统粮食加工常用碾、石臼、石磨、木砻、水碓等工具，以人力、畜力或水力作动力。

20世纪20年代始有机器，1994年版《奉化市志》曾记录：“1924年西坞镇源康碾米厂始用机器碾米。1938年有碾米厂18家。1948年发展至40家，各厂年加工能力为50～400吨。”

木砻：磨谷去壳之器具，以坚木凿齿为之，形状略似磨。

石磨：石制磨粉工具。

风箱：风箱是农村一种常用农具，主要

通过风的大小来筛选稻谷。它通过人臂力的大小来控制风力的大小，根据箱内的间距使壮谷落在出口处，瘪谷被风吹出箱外。宁波民间还根据风箱扇米的特性，做了一个很有意思的谜语叫作：“南北斗搁在高山，伍子胥守着昭关，白娘娘下落箩山，赵匡胤逃出潼关。”

谷箩：在收获的季节，人们将田里打下来的稻谷满满地盛在箩内，一担一担运送到晒场，再运送到谷仓。

米筛：用竹篾、铁丝等编制的过滤农具，粗者留筛中，细者从筛孔中漏出。依其功用及筛孔大小，有谷筛、米筛和糠筛之分。

杵臼：顾名思义是杵与臼的组合。杵，指的是木杵；臼，指的是石臼。将需要加工的粮食放入石臼内，用一根硬木制成的杵在石臼内捣击，使粮食变成可食用的粉、米或浆等。杵与臼是农耕文明的代表，粮食谷物的粗细加工都跟它们有关。

在古时候粮食的脱粒、粉碎等加工就是依靠这些简单且原始的工具完成的，从而解决了人们的生活问题。

2. 蒸烤工具

羹架：羹架是旧时宁波居民常用的厨房用具，它轻巧、实用，是厨房必备用品。传统羹架由竹匠用毛竹编制而成，常用于蒸制各种菜肴和一些农家的点心。

羹架是用多支竹签纵横相叠而成的，每支竹签相距有一定空间，以便锅中蒸气上升，使小菜易熟。竹签交叉处用篾丝扎牢，外围成圆形，大小配合釜镂。使用时在饭锅中放好水米，然后安上羹架，需蒸之菜，安放架上，若位置不够，一般可增加一层。不多时，菜香饭熟，一举两得，既可省却另起炉灶的麻烦，又可节约燃料。因属放置菜肴羹汤之具，所以此蒸架，名为“羹架”。

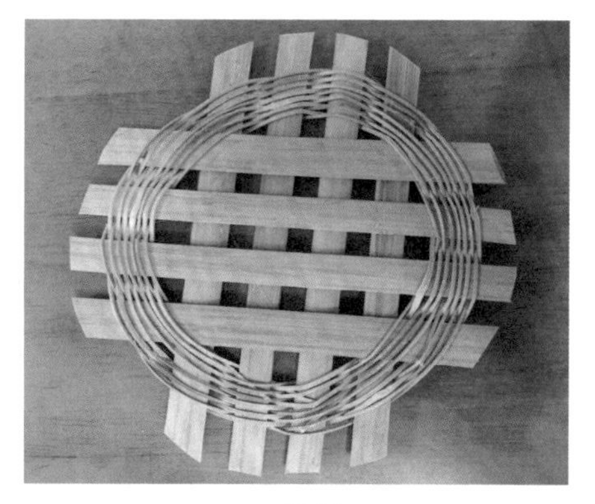

■ 羹架

蒸笼（蒸桶）：传统蒸具，俗称蒸笼或蒸桶。

二、贮藏盛放器具

贮藏盛放器具，一类是用来盛干货的，如果子桶、粉桶、米桶，另一类是用来祭祀的，如祭盘。

屋中的“横桶、果子桶、斗桶、搓粉桶和瓷瓶、狮子斗缸及锡鼎、锡瓶等器皿，盛放各种干果、小豆、糯米粉，过年过节时，则装炒货、糕饼……”①

■ 幢篮（2018年2月2日摄于宁波古玩城）

幢篮、幢篮担：竹制幢篮，每对有四格、六格之分，编制精巧，内外漆红，旁扎红绒，为送食品盛器，至今农村仍偶见使用。

“宁波幢篮作为竹编品的一族，随着宁波辟为通商口岸，经济相对繁荣，清末民初发展到了高峰。在日常生活中，人们或去庙宇敬香，或会文赴考，或馈赠亲友，无一不使用幢篮。因用途各异，名称也略有不同。用于礼尚往来的叫饼盆篮，会文赴考的叫考篮，燃香念经叫香篮，但也有兼而用之的。幢篮一度成了宁波人家家必备之物，其形状千姿百态，工艺上也达到了令人叹为观止的境界。”②

■ 余姚泗门街头用于出租的“幢篮”（2018年3月1日摄于泗门街头）

大户人家都有成对的幢篮，也称幢篮担，自家遇有大事要用，乡亲们也经常会来借，什么毛脚女婿送节、新郎官回门等，客气的要叠八格，一般也有四到六格。幢篮圆圆的，外面涂了桐油，还绘了花鸟。

遇寿宴喜庆向人租用幢篮，今村民仍有此风俗。

“幢篮一般有三格、四格之分，有大有小，两只成对，编织十分精细，篮盖上可织出文字图

---

① 来新夏.十里长街读坎墩[M].杭州：杭州出版社，2008：70.

② 吴滨，赵维扬.甬上工巧拾萃[M].宁波：宁波出版社，1996：46.

1. 红漆祭盘（2017年11月2日摄于“王升大博物馆”）
2. 泥金彩漆八角果桶（2018年4月13日摄于宁波文博会）
3. 锡瓶（2018年11月16日摄于宁波食博会）
4. 果桶（2018年2月2 日摄于宁波古玩城）

案，再涂以朱红漆或金漆，光可鉴人，精巧绝伦。大的幢篮担直径一般有60厘米，可放置许多物品，新的可在送嫁妆时用，也可在清明上坟时置放整桌菜肴和祭扫物品。小的幢篮多用作饭店菜馆送热菜热炒、点心小吃到顾客家。”①

祭盘：我国数千年来供祭祀、送神、祈福之盛食器具，一般为敞口平底，用于摆放各色糕点等祭祀品。

放置供品的祭盘，老底子的宁波人叫作“红盘”，因为宁波特色的祭盘就是红漆祭盘。这类祭盘形状很多，“有圆形、椭圆、银锭形、海棠形、花生形、蚕豆形、腰子形等”②。常见的为圆形。

果盘：经常用于过年时招待客人。常见有桃形、腰形的果盘，往往用宁波传统手工艺“泥金彩漆”装饰，以朱红漆为主，施以黑、金二色。

果桶：果桶的种类繁多。从外形分，有提梁的称为提桶，无提梁有盖的称为果桶或果子桶。从功能上分，有存放干果、糕点、糖果的各式提桶、果桶。盛米用米桶，盛水磨粉、糯米粉用粉桶。③

---

① 余姚市政协文史资料委员会.余姚文史丛书：第2册[M].北京：中华书局，2001：167.
② 杨古城，曹厚德.精巧瑰丽的红漆祭盘[J].浙江工艺美术，1998（1）：47 — 48.
③ 范佩玲.十里红妆：浙东地区民间嫁妆器物研究[M].北京：文物出版社，2012：106.

锡瓶：锡瓶也常用来贮藏糕点。宁波地区有谚语曰：“锡瓶饭盂对打对，又填细糕又填糖。”说的是新婚时的嫁妆很多，包括锡瓶，点心也很多。

三、包装纸

宁波盛产水稻，以稻草为原料制成的厚斗纸，被用作各种南货包装的材料。而“斧头包”和“四方包”则是南货店用厚斗纸包装各种南货的主要包装形式。厚斗纸比较粗糙，但很厚，草的纤维又长，非常牢固。人们将这样的纸做成大厚斗纸、小厚斗纸。大厚斗纸除尺寸比小厚斗纸大以外，厚度也要比小厚斗纸厚一点。大厚斗纸是用来包桂圆干、荔枝干、红枣、黑枣等干果作为礼包的，因其状似斧头而被称为“斧头包”。小厚斗纸用来包糕点、糖果，因其四角方整而被称为“四方包”。过去人们走亲访友，手里拎着“斧头包”“四方包”，派头十足。“斧头包”和“四方包”包好要用红色的招头纸盖头，并用纸绳扎好。招头纸要放在正中位置，纸绳要扎得均匀、牢固。招头纸上面一般都印有商家店号和吉祥语，如“南北干货”“长命富贵”等。

■“斧头包”（2018年2月2日摄于赵大有博物馆）

四、糕点印模——印糕版

印糕版是宁式糕点文化中不可或缺的一部分，一直起着规整糕点、美化糕点、传递意象的重要作用。它内容丰富、形式多样。印糕版在米团上留下印痕，使得原本普通的糕点，突然就有了灵气，有了情感，有了寄托，有了文化意味。

印糕版深受广大人民群众喜爱。收藏家杨光宇认为，宁绍地区的印糕版有以下特点：第一，“印糕版上大量出现商号名称，体现了当地业者的品牌意识和精品意识”。该收藏家藏有“邵万生”“大有利”“大同”“方怡和”“同和”等字号的印糕版，那是研究当地饮食文化和商业发展史不可多得的实物资料。第二，“样式繁多，其中炒米糕版尤其小巧可爱”。第三，“宁绍地区人文

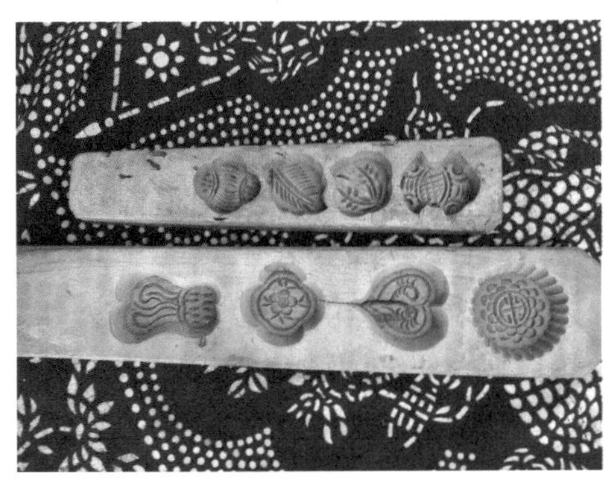

■ 四眼、双眼各式纹样印糕版（2017年11月2日摄于王升大博物馆）

荟萃，当地的人文气息在印糕版上也多有体现”[①]。

印糕版的制作在清代、民国达到鼎盛，是一个集美学、民俗和雕刻技艺于一体的手工艺项目。制作印糕版的木材一般都是就地取材，木质以细腻柔韧不开裂为佳，如柏木、核桃木、楠木、木荷、梓木等。通过取料（锯），使木料的长短、大小和厚薄适合所要雕刻糕版的形状。本地收藏者还有一块很罕见的铜质印糕版。

印糕版是民间艺术的一个重要组成部分，它所表达的主题既要满足人们物质生活的需要，又要满足人们精神生活的需要，因此具有实用性和美观性相统一的特性。

我们可以从宁式印糕版图案的主题来考察宁波百姓的精神世界。

宁式印糕版图案常见如下主题。

1. 祈福求财

这类主题用得比较多的是“年年有余”“双鱼吉庆”，因“鱼”同“余”同音，寓意收获丰富，连年富余。

2. 花开富贵

这类主题以牡丹为主要图形。牡丹为花王，为富贵之花，喻大富大贵、美满如意。

3. 龙凤呈祥

在婚庆的日子里，糕点可增添气氛，可馈赠宾朋。这类印糕版常以圆形

① 杨光宇.中国传统印糕版[M].北京：人民美术出版社，2008：130.

为主，有龙凤围绕喜字的纹样，寓意龙凤吉祥，喜结良缘；有桂圆、枣子纹样，喜称早生贵子；有由两个莲蓬组成的并蒂同心图案，寓意夫妻恩爱，形影不离，白头偕老；有宜男多子图案，其以萱草、石榴构成，萱草又称宜男，有多生贵子的意思。常见的还有佳偶天成、麒麟送子、榴开百子、欢喜童子等，主要以人物、植物图案表现。

■“吉庆有余”单眼版(图片来源：张觉民、仲美文《民间糕模》)

4. 延年益寿

对健康长寿的庆贺是生活中的一个重要部分。这类主题有以人物图案为主的寿星。寿星是健康老人形象，又称南极仙翁、南极老人。他慈眉善目，胡须飘逸长过腰际，脑门高凸，一手执龙杖，一手托仙桃。以植物图案为主的寿桃、富贵寿考、鹤寿松龄等，以动物图案为主的五福捧寿、鹤寿延年、鹤鸣九皋等都表达了对健康长寿的美好愿望。还有就是最直接的一个“寿”字。

■龙凤喜字版
（2017年11月2日摄于王升大博物馆）

■“寿桃”三眼印糕版(赵大有宁式糕点博物馆提供)

第五章　宁式糕点的特色

第一节　鲜明浓厚的地域特色

宁式糕点以宁波地区为主要代表，以民间食品为基础，经过漫长的岁月积淀，形成了完整的点心制作体系，具有鲜明的特点。

■ 橘红糕在宁波民间也叫骰子糕（永旺斋老刘糕点）

一、米制品居多，糕团类居多

“宁波盛产稻米，因此，宁式糕点以米制品居多。其中尤以糕类多为其特点，如松仁糕、和连细糕、百果糕、水绿豆糕等等。”[①]宁式糕点品种繁多，仅糕类就有香糕、印糕、火炙糕、小王糕、雪片糕、松仁糕、橘红糕、八珍糕等数十种。

包馅类制品，即“米团”也较多，如汤团、青团、萝卜团、雪团等。

■ 双层糕

二、应时适令，产品季节性较强

宁波地处江南，四季分明。宁式糕点十分注意时令季节的变化，供应四季不同的糕点。

关于时令，宁波民间有段流传的顺口溜：

① 吴孟，王承言，孙继英.中国糕点[M].北京：中国商业出版社，1989：670.

夏天卖麻团，冬天卖雪团，

清明卖青印花，立夏卖松花蛋，

端午卖粽子，中秋卖素月饼，

冬至卖圆子，春节卖年糕。

四季轮回里，宁式糕点可以换上无数花样。

“宁波地区的南货店，传统的纸包装上有一张招头纸，印有店号和‘南北果品，四时茶食’八个字，可见宁波糕点十分注意时令季节的变化，供应不同的糕点。春季供应松仁、桔仁糕、枣仁糕等；夏季供应薄荷糖、松子酥、玉和酥等；秋季供应月饼、桂花饼、洋钱饼、薄脆饼、椒桃片等；冬季供应藕丝糖、豆酥糖、麻酥糖、寸金糖、黑交切、白交切、冻米糖、牛皮糖等等。”①

■ 黑交切（林旭飞摄）

■ 冻米糖

清代宋梦良的《余姚竹枝词》有云：

弱岁风光记得牢，每当入夏日将高。

隔江听卖时新物，叫茯苓糕与印糕。

一年之中重大的节日有春节、元宵节、清明节、端午节、七夕、中秋节以及重阳节等。不同的节日有不同的应节糕点。例如，春节有年糕，元宵节有汤圆，清明节有青团，端午节有粽子，七夕有巧果，中秋节有月饼，重阳节有重阳糕。

清代镇海人姚燮的《西沪棹歌》云：

糍糁新奇应节栽，骆驼去后牡丹开。

花朝已食聪明菜，立夏还尝瞌睡梅。

此诗写地方风味美食骆驼蹄糕、牡丹糕、聪明菜、瞌睡梅。前两句写各

① 谢振岳.宁波节令风俗[M].北京：当代中国出版社，2001：220.

种带有地方风味的食品如糍、糁、骆驼蹄糕、牡丹糕之类皆顺应时节而栽种、生长与制作，后两句写西沪流行二月二吃聪明菜、立夏日吃梅的习俗。诗人自注："端午日风俗，做骆驼蹄糕。重九做牡丹糕。二月初二花朝日，妇女煮饭，杂以菜食之，谓主聪明。立夏日摘梅食之，谓能醒睡。"

在一些区域还有地域特色。比如在老慈溪县城慈城，到了五月端午节，兴起乌馒头热，与乌馒头同时上市的，还有一种蜂糕。重阳佳节，慈城人兴吃栗糕。栗糕是用晚米粉做成的，有用黄糖做的和白糖做的两种。米粉和好后，揉成饼状，上层敷上白芝麻，再嵌以栗子、枣仁、百果红绿丝，下面以箬壳为底。做成后不但颜色鲜艳，而且口味极佳。

就连在外发展的名店，如上海的"三阳南货"也保持了传统的宁邦特色。"他们还根据不同的季节消费者的需求，生产供应不同的特式品种。如春节的迎春果；端午节的蜂糕、乌馒头；夏令的水晶糕、茯苓糕、绿豆糕；中秋节的苔条饼、三仁月饼；冬季的油枣饼、福包、油包等等。一年四季，交替上市，始终保持宁邦特色品种的供应。"①

三、多用苔菜作辅料，海洋风味浓厚

"宁式糕点多用苔菜作辅料。苔菜是一种海产藻类，滋味鲜美。用苔菜制作的糕点，颜色青绿，口味甜中带咸，咸里透鲜，具有浓郁的苔菜香味，是宁式糕点的一大特色。这类产品多达几十种，其中如苔菜生片、苔菜月饼、苔菜籽油占子、苔菜千层酥等，深受广大群众的欢迎。"②

■ 苔菜籽油占子（宝舜公司供图）

苔菜月饼是以苔菜为辅料作馅的一种月饼。苔菜月饼饼皮酥松，馅料有浓郁的芝麻油香味，甜中带咸，咸里透鲜，有苔菜的特殊香味。

因为广泛使用苔菜，以致宁波糕点业出现了"以制作苔菜食品为主的苔

① 上海市企业管理协会财贸分会.市场营销五十例[M].1983：65.

② 全国工商联烘焙业公会.中华烘焙食品大辞典：产品及工艺分册[M].北京：中国轻工业出版社，2009：231.

1. 1936年《时事公报》“苔菜经济糕”广告（宁波市档案馆档案资料V12.13–1）
2. 苔菜粉麻片（林旭飞摄）
3. 海苔酥饼（宁波草湖食品供图）
4. 海苔味年糕片（林旭飞摄）
5. 海苔饼（永旺斋）
6. 苔菜干（2019年1月22日摄于30届宁波年货展销会）

菜帮”。[①]

苔菜分冬苔、春苔和夏苔三种，以冬苔为佳，其色泽翠绿，清香扑鼻，以奉化等地的苔菜为著。

四、重糖少油，色尚淡雅，质地酥松

这个特色的代表产品为玉荷酥，它属宁式糕点著名产品，最早创始于浙

① 范识字，李东印.售货员知识手册[M].重庆：科学技术文献出版社重庆分社，1986：640 — 641.

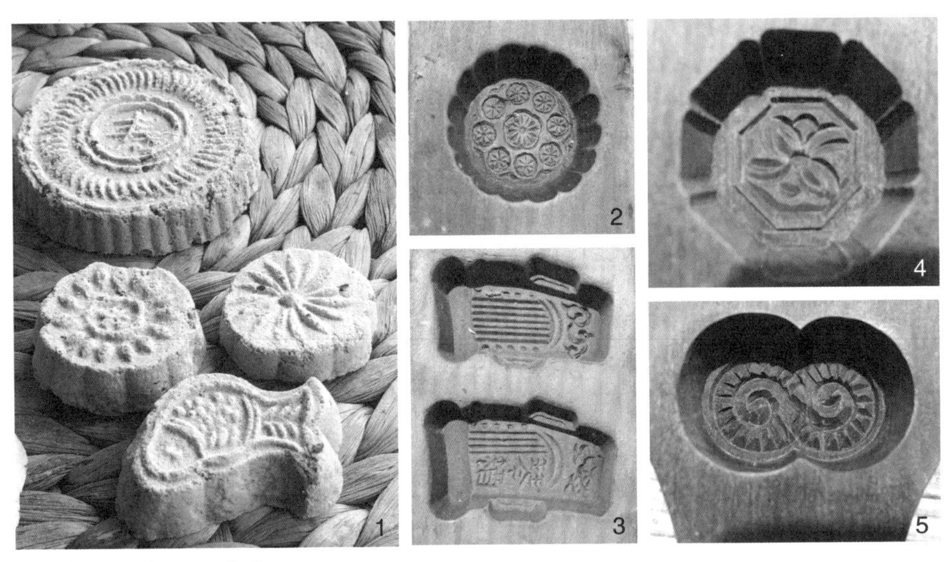

1. 各色印糕（林旭飞摄）
2. 九梅酥印版
3. 琴酥版
4. 薄荷印糕版
5. 连环糕印版

江三北地区。它“表面洁白如玉，形如荷花，形状逼真[①]”。

又如百果糕，是初夏季节的应时糕点之一，用糯米粉、白糖以及多种果仁制作。为了防止结皮，要刷一层熟麻油。这种糕点色泽呈玉白色，口感软糯，甜而不腻，并带有各种果仁的香味。

再比如，同样是年糕，苏式糕点中以“猪油年糕”著名，馅料中放有猪板油丁，而宁式糕点中则以原味的水磨年糕取胜，可以与各种材料搭配食用。

宁式糕点中的各色印糕是圆形小块，表面呈黄色，甜而松酥，糕面印有各种图案。

五、寓意丰富，注重情趣

宁波的各种糕团类，寓意丰富，尤其以结婚用糕为典型。

结婚用糕，有专门的说法，一般用四式或六式、八式，其中最主要的是

① 全国工商联烘焙业公会.中华烘焙食品大辞典：产品及工艺分册[M].北京：中国轻工业出版社，2009：231.

琴酥、薄荷印糕、连环糕、九梅酥四式。这四式糕点暗寓了青年男女从谈情说爱到结婚的各个阶段。

琴酥形状就像一把琴，“琴酥”，其谐音听起来是否就是“情书”？男女间刚开始交往的时候，“鸿雁传书”也好，“鱼传尺素”也罢，总是表达不尽缠绵的情感。

薄荷印糕的“荷”，谐音“合”，寓意相互了解后，双方情投意合。

连环糕，看形状，就知道有共结连理的寓意了。在一个时期，连环糕被称为“团结糕”，那应该是特殊年代的印记了。

九梅酥的图案是九朵梅花，象征婚后枝繁叶茂。

以上是四式结婚糕点，六式就是再加橘红糕与松仁糕，八式则再加花生、瓜子。

无论是四式还是八式，都是围绕着“吉祥、美好、红火、多子”的主题展开的。

因为这些糕点主要是结婚时放在新房里的，所以也称“床头果”。

小小的糕点寄托着亲朋好友对新人的祝愿与祝福，透着绵长的情意。

另外，送给孩子的状元糕，也有许多说头。隋唐以来，历代封建王朝皆采用科举考试制度，用以选拔人才，民间有“状元及第”“五子夺魁”以争取功名的美谈。状元糕乃是人们作为子女升学、入学时馈赠的礼品。孩子上学，一般由外婆送状元糕，寓意吉祥如意，子子孙孙出状元。

谢翘的《泗门竹枝词（百首选一）》曰：

芝兰子弟擅英髦，六岁开蒙喜气高。

合是宁家贤相宅，外婆先贺状元糕。

状元糕以16块为一组，寓意“一路顺利”。[①]

其他各种寓意的糕点有以下几种。

粽子：有“端午粽”。宁波人都有端午吃粽子的习惯，每户人家都要做一些。女婿挑端午担，一定要有粽子，这是历来的老习惯，说是粽子有生儿子、传宗接代的寓意 。鄞州五乡一带还有“上学粽”。挑上学担，除衣物外，粽子必不可少，粽子有棱有角，象征学童聪明伶俐，而且“粽”与“中”同音，有

① 宁波市文化广电新闻出版局.甬上风物：宁波市非物质文化遗产田野调查·海曙区·江厦街道[M].宁波：宁波出版社，2009：55.

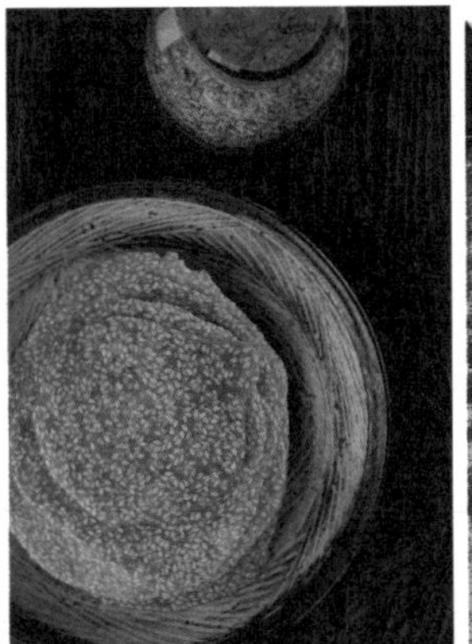

1. 大发馒头（“糕老章”供图）
2. 芝麻薄饼（董生阳食品有限公司供图）
3. 擂沙肩（2017年11月10日摄于宁波食博会）
4. 五色内糕
5. 寸金糖（林旭飞摄）

中秀才、中举人、中状元的寓意。

馒头：又称“大发”，寓意是兴旺发达，所以上梁甩馒头，而且甩的是大馒头！

另外，在正月初五迎财神时也用馒头。丈亭“糕老章”点心店曾经接了一个单子——做四个直径30厘米的馒头！

■ 平安糕（草湖食品公司供图）

芝麻饼：寓意子孙满堂。

擂沙肩：这是宁波本地最具代表性的米食之一。糯米煮饭，搓成饭团，再在装有芝麻白糖的盘子里滚一滚，就制作完成了。制作工序看似简单，但选料及揉搓火候等均有讲究，且寓意丰富。在古林蜃蛟一带的农村，只要是新女婿上门，看女婿越看越中意的丈母娘就会拿出擂沙肩，放在未来女婿落座的桌凳旁，当作点心，意为丈母娘要撮合女儿的这门亲事，将他们擂在一起，并肩到永远。而“沙”是指白砂糖，表示甜甜蜜蜜、白头偕老。

内糕：其形为正方形，据说取意为内当家治家高明有方。

寸金糖：寸金糖外裹芝麻，内有夹心。其名字来历为，寸把长，银光闪，金条状，芝麻香，寓意为一寸光阴一寸金，寸金难买寸光阴。

第二节　年糕文化独领风骚

宁波年糕与宁波几千年的历史息息相关，它是承载着宁波农业历史和民俗文化的宝贵遗产。独领风骚的年糕文化是宁式糕点最鲜明的特点。

一、宁波年糕源远流长

1. 起源与历史

中国年糕的起源传说众多，有打年兽说、大禹治水说、伍子胥说、文种说等，其中，大禹治水说、文种说的发生地就与宁波有关。

“大禹治水说”认为年糕最初就是百姓为感恩大禹治水的祭品。“相传大禹治水后，给浙江百姓带来实惠，大家就用他整治的水田上结出来的粮食做成糕祭祀。初叫米糕，因为祭祀的目的是希望一年更比一年好，所以改称为年糕了。”①

关于这个传说，王静的《慈城年糕的文化记忆》有更为详细的描述：

> 相传大禹治水时，数以万计早出晚归的民工，就用一种米糕作餐，既缩短用餐时间，延长了工作时间，又耐饥饿，这在当时的治水过程中起到了很好的效果。
>
> 大禹治水时采用劈山改道的方法重整河道，拓宽江面，截弯取直，治平高低，使四明山水顺势而流，潮流畅通，这为四明山地区消除了隐患，减少了灾难，为当地人民造了福，庄稼年年取得好收成。人们为了纪念大禹，改

---

① 朱斐.话说宁波历史文化[M].宁波：宁波出版社，2015：152.

大江名为“姚江”，在县西南二十里三过桥旁建造了禹王庙，年年岁岁人们从四面八方赶来向大禹供奉，感谢大禹的功德。有人还为此刻制了一块标志性图板，板的上面刻着一朵绽放的菊花，两端各有数条凹凸平行线。菊花是金秋丰收的象征，平行线代表水流平稳的形态。后来，人们把它当作印糕模版，印在年糕上，并在菊花的中间点上一滴“红”，示意洪水被集中到姚江后的结果。每年年底，当地家家户户都做年糕，年糕成了当地必不可少的祭品和重要食品。

“文种说”认为年糕起源就在慈城，是越国大夫文种发明的“米城砖”。

“相传春秋时期，吴国的谋臣伍子胥一心要灭越国。越国的大夫文种深谋远虑，在冬季粮食有余之时，教百姓将米蒸熟，舂透后做成条状晾干，然后砌入句章城墙之中，告诫百姓非万不得已切勿食用。文种又将句章城的东北边汶溪作为自己的居住地。后连年灾荒，越国老百姓死亡惨重，独句章（今慈城）城的百姓以城墙中所藏年糕充饥，得以幸免。此后慈城人牢记文大夫的恩德，于正月初一烧年糕汤以纪念文大夫，并寓年年高的含义。”[①]

无论是“打年兽说”“大禹治水说”，还是“伍子胥说”“文种说”，都说明中国年糕已经有两千多年的历史了。

文字记载的“糕”的历史可以追溯到汉代，到了南北朝时对于年糕的做法已经有了记载，清代时年糕的做法已经有了很多花样。

“糕”这个字最早见于汉代，汉代扬雄的《方言》一书中有“糕”的称谓。汉代，人们都在九月九日“重阳节”吃糕，取吉祥如意之意，因为“高”与“糕”同音，重阳节时登高又吃糕，寓意百事皆高。

魏晋南北朝时，已有年糕做法的记载，至宋代时文献记载更多，如宋代文献中已有“年糕”和“年黏糕”“黏黏糕”的称呼。宫廷、官府、民间在春节时都要专门制作年糕，作为节日美食，除自家享用，还会赠送亲朋好友。

明清时期，年糕已发展成市面上一种常年供应的小吃，并有南北风味之别。明代崇祯年间刊刻的《帝京景物略》一书中，就记载着明代北京人每于正月元日普遍吃一种用黄米制的糕，称为“黏黏糕”或“年黏糕”，以讨个口彩，图个吉利。

---

① 宁波市江北区慈城镇文学艺术界联合会.风流千古说慈城[M]. 宁波：宁波出版社，2007：154.

“宁波制作年糕历史悠久，至少在北宋已经有用米粉做糕的记述。”[①]

清代，宁波地方文献《桃源乡志》卷五《物产志》已经明确提到：“良湖稻，可做年糕。”[②]《桃源乡志》由康熙年间桃源乡人臧麟炳、杜璋吉著。《桃源乡志》所载的桃源乡的地理范围大体相当于如今的鄞州海曙区横街镇。

清代慈溪坎墩人胡杰人（1831—1895）有《正月竹枝词》云：

家家红柬共相邀，兼味无多饮浊醪。

差喜杀鸡为黍补，登筵还有炒年糕。

很显然，年糕作为年节筵席的重要食品，在当时已经非常普及了。[③]

慈城一带有个传说，说清代乾隆帝下江南时，也曾御笔亲书“年糕年糕年年高”七个大字，赐予慈溪县令。[④]

2. 发展与现状

宁波城市旅游形象宣传片《香约宁波》通过“书香”“渔香”“米香”“心香”宣传宁波城市，其中“米香”就以五镜头五秒时长展现了以宁波年糕为代表的传统美食。

当今，“宁波市是我国水磨年糕生产起源地和集散地。宁波年糕在国内外享有盛誉，国内、国际市场占有率分别达到 65 %和 30 %以上”。

“特别是在宁波江北的慈城、余姚的三七市（地域范围均属老慈溪），年糕已发展成为宁波农业的支柱产业之一，据不完全统计，仅这两个乡镇的年糕产值就已突破3个亿，并带动了周边乡镇或邻近县市区大米产业的发展。

余姚市年糕主要分布在三七市镇和河姆渡镇，有名的品牌主要为三七市牌和古址牌 。三七市牌水磨年糕风靡全国各地，甚至出口到美国、澳大利亚、日本、新加坡等地，每千克售价达6美元，规模企业有10多家，年产年糕总量达到3万多吨，总产值达2亿元。2006年三七市镇被农业部评为“中国年糕之乡。”[⑤]

---

① 《宁波市地图集》编纂委员会.宁波市地图集：中册[M]. 北京：中国地图出版社，2012：61.

② 乐承耀.宁波农业史[M]. 宁波：宁波出版社，2013：258.

③ 张如安.宁波历代饮食诗歌选注[M].杭州：浙江大学出版社，2014：48.

④ 宁波市文化广电新闻出版局.甬上风华：宁波市非物质文化遗产大观·江北卷[M]. 宁波：宁波出版社，2012：71.

⑤ 孙志栋，陈惠云，虞振先，等.中国年糕发展的历史演变浅析[J].粮食与饲料工业，2010（11）：34 — 36.

宁波江北区年糕主要分布在慈城镇。

宁波市慈城食品厂在20世纪70年代末就开始以本场繁育推广的优质晚粳米为原料，生产传统的水磨年糕，多次荣获省市农产品优质奖，并在1990年荣获农业部名特优产品奖。1993年申请注册“塔牌”水磨年糕商标，被列为外贸出口生产单位。该产品“玉色透亮，韧而光滑，久煮不糊，炒而不黏”，深受消费者青睐。该厂不断提高产品质量，最近又开发真空小包装年糕片等花色品种，以满足消费者的需求。

2003 年开始，慈城已连续成功举办了三届年糕文化节，期间，慈城镇成功申报了年糕原产地标记、吉尼斯最大年糕、吉尼斯规模最大的年糕制作活动，2006年被农业部评为“中国年糕之乡”。2009年6月22日慈城水磨年糕手工制作技艺于被列入“第三批浙江省非物质文化遗产名录”。近几年，慈城有大小年糕生产企业20余家，其中规模企业8家，产品远销中国香港 、新加坡、中国台湾、加拿大、澳大利亚等地区和国家，年产能力达到1.5万吨，外销量5000多吨，年销售额1.5亿元。

3. 工艺与特色

（1）工艺

传统的宁波水磨年糕制作工艺非常讲究。

传统工序较为复杂，至少有浸、洗、磨、榨、刨、搠、蒸、舂（俗称搡，下同）、揉、印等十几个环节。

原料选择：原料必须选用当地上品的晚粳新稻米，其色泽光鲜，且颗粒无损。“浸之前要选米，用最饱满的晚稻谷，轧米前和米厂师傅打声招呼，说是年糕米多轧一遍，轧得白净一点”①。

浸泡：倒入水缸里浸泡大约三五天。

浸泡时要讲究水的控制。制作年糕应使用活水软水。控制水温，久泡米水依然清澈、不酸，这是保证年糕品味纯正的要诀。

磨浆：带着水用石磨磨成米浆。须速度、细度、匀水皆容，丝丝入扣。“水多，则粉质粗糙，糕品松；水少，则粉烫，米性劣，糕品涩。蒸粉也很讲

① 叶龙虎.家乡的小河[M].北京：大众文艺出版社，2013：88.

究，汤水满而不溢。”[①]

蒸：米浆灌入布袋后上榨挤水；一昼夜后下榨捧到白篮里，剥去粉袋，刨成刨花似的粉片；将粉片倒进搠粉寨（一种竹编的筛子）搓成粉末；搠粉寨下面的细粉就能上蒸笼了。

拢气浩如烟海，一贯作气，至粉熟至八九，型如松糕，色若碧玉，满屋云雾，饭香喷鼻，即可起锅。

舂（俗称搡）：蒸熟后的糕花在石捣臼里舂，此可谓制糕之杰作。边撵边舂，使力均匀，至米糕柔软细腻，弹性滑溜，遂起米糕，趁热扎团。

印：最后是揉、捏、搓成棒状，用印版压成年糕。出模点红印，横竖码放，即呈色泽玉白，块形整齐的水磨年糕。

（2）特色

宁波年糕是众多稻米加工制品中的奇葩，体现了七千年米食文化的智慧。它究竟具有怎样的特点呢?

其一是色如玉，韧似胶。

《晚清江湖百咏——营业写真》当中，有一首《做宁波年糕》诗这样说：

宁波年糕白如雪，久浸不坏最坚洁。

炒糕汤糕味各佳，吃在口中糯滴滴。

苏州红白制年糕，供桌高陈贺岁朝。

不及宁波糕味爽，太甜太腻太乌糟。

“宁波年糕有一特点，糯而不黏，久煮不糊，不若本省市上所买年糕，少滚发硬，多滚糊口，放置三五天即变质。此非本省米质不佳，乃浸水时间太短，磨研杵舂功候不到之故也。”[②]

区别于苏式、广式等年糕，宁波年糕以“水磨”闻名。

“据记载，吃年糕的风俗兴于宋代，盛于明、清两代。年糕有苏式、宁式、广式之别。苏式年糕可分猪油年糕、白糖年糕、红糖年糕等；宁波则是水磨年糕，色如玉，韧似胶，糯韧适口，闻名于世。”[③]

---

① 宁波出入境检验检疫局，国家质量监督检验检疫局.中国地理标志产品大典·浙江卷五[M].北京：中国质检出版社，中国标准出版社，2014：29.

② 张行周.宁波习俗丛谈[M].台北：民主出版社，1973：34.

③ 古今中外51—60辑合订本[M].南京：江苏科学技术出版社，1990：23.

“宁波年糕是年糕中的上品，其原料精细、做工地道，口感软中带韧……”[①]

其二为营养丰富。

中央电视台《舌尖上的中国第1季》里有这样一段解说：宁波水磨年糕，用当年新产的晚粳米制作，经过浸泡、磨粉、蒸粉、搡捣，稻米的分子得到重组，口感也得以改善。以前的宁波家庭，要在新年之前做好上百斤年糕，储藏在冷水里，可以从腊月一直吃到来年。[②]

“宁波水磨年糕是用当年新产的晚粳米制作，其中包含当地人对这种稻米黏性、软硬等口感的认识；同时，作为主食稻米，晚粳米在整体食味和营养上价值也比较高。”[③]

汉声文化编著的《慈城·宁波年糕》还通过现代科学的相关研究，来检视晚粳米的食用品质及营养价值。

“年糕究竟有没有这么大的效力?一些食品学家研究得出：年糕的确对增强体力和持久力有一定作用。每百克年糕，发热量为351卡，而米饭仅有145卡。”[④]

■ 手工年糕（2017年11月4日摄于慈溪鸣鹤）

4. 声誉及传播

宁波年糕名声在外。1909年《图画日报》“营业写真”（也叫三百六十行）专栏也有幅“做宁波年糕”的画，可见当时画家已经把它算进了上海三百六十行中的一行。由此可见一斑。[⑤]

每年年三十晚上一定要准备年糕，并送给周围邻居，最好的年糕当然是宁波产的了。上海人不会做年糕，所以得购买宁波的，这种年糕用晚稻米制作，品质一流，放进水中后不会散出渣，所以被称作

① 樊定宣.上海风味素点[M]. 青岛：青岛出版社，2012：92.
② 中央电视台纪录频道.舌尖上的中国·第1季[M].北京：中国广播电视出版社，2014：72.
③ 汉生编辑室.慈城·宁波年糕[M]. 上海：上海锦绣文章出版社，2009：4.
④ 王志宇.世象纷纭[M].北京：中国和平出版社，1996：77.
⑤ 刘善龄，刘文茵.画说上海生活细节：清末卷[M].上海：学林出版社，2011：49.

“水地青”。北京人同样非常喜欢宁波年糕，切成片之后和芹菜一起炒了吃，具有消食的功效。节日里吃了大量油腻食物后，用蔬菜和绿茶清理一下肠胃对身体很有好处。[①]

上海的饮食习惯同时受江苏苏州和浙江宁波的影响。年糕亦不例外分成两种。前者纯以糯米制成，后者则是用纯晚粳稻的新米舂出来，原料和手法皆不相同。

但是奇怪得不得了，我们说起苏州年糕，总是加上特定的称呼，比如糖年糕或者猪油年糕，只用“年糕”二字，就专指宁波年糕，从来没人搞错过。[②]

慈溪是年糕生产的发祥地和原产地，在20世纪 60—80年代，东埠头、鸣鹤场常年有5000多人到上海或其他地方做年糕或出门指导，2004年“慈溪年糕”获国家原产地注册保护。

妙山良种场注册的“塔牌”年糕（由上海出口的注册为“珍宝牌”）和慈城粮油经销公司注册的“如意”牌商标年糕，1986年起远销新加坡、加拿大、澳大利亚等国家和我国香港、台湾地区，深受境外宁波帮喜爱，常年销量在700吨以上，其中，外销200吨左右。[③]

作为慈城的年糕骨干企业，冯恒大食品有限公司结合古镇特点和优势，吸纳古镇精髓，开发特色美食。

冯恒大突破年糕主食的固有形象，以休闲饮食的思路进行开发，一系列风味年糕一上市就引来订单不断，吹响了年糕业创新的号角。公司现在除了传统的慈城水磨年糕，还有很多花式年糕，能满足不同消费者的需求。公司的桂花年糕、火锅年糕、雪菜笋丝年糕等都颇得市场认可，而大头菜年糕等产品以浓厚的怀旧风味，极大地弘扬了地方特色，还有如苔菜年糕、油炸小年糕、火锅袖珍年糕、快速方便年糕、酒酿年糕等多个品种，突破了传统年糕外观和品种的局限，产品常温下保质期六个月以上。

冯恒大食品有限公司新研发的有机水磨年糕近日通过国家有机产品认证中心的审核，这标志着慈城年糕在传统食品领域争创大品牌的方向中迈出了坚

① 唐云.当代女马可·波罗的中国日志[M]. 陈坚，李雨芊，刘湃，等译.北京：中国国际广播出版社，2011：195.

② 老波头.一味一世界：写给食物的颂歌[M]. 上海：上海文化出版社，2014：178.

③ 宁波市农村经济委员会，宁波市农业区划委员会.宁波农业名优特产[M].上海：上海科学技术出版社，1994：101.

实的一步。慈城年糕是传统食品和名特优农产品，也是重要的出口创汇品种。经过近几年的不懈努力，特别是慈城年糕的原产地申报，慈城被授予“中国年糕之乡”，慈城年糕入选“浙江非物质文化遗产名录”，慈城年糕业已成为宁波的一张亮丽名片。然而，随着大众生活和消费水平日益提高，以普通大米为原料的慈城年糕已满足不了人们对健康、绿色、环保等更高层次的需求，大家越来越注重有机食品的安全可靠、纯正天然。

二、宁波年糕文化意蕴深厚

年糕作为宁波重要的地方传统食品，除了是日常生活所需之外，还有许多文化内涵。宁波年糕的文化内涵在宁波百姓的日常生活中得到了最好的演绎。

■ 晚粳稻（2018年10月20日摄于江北慈城）

1. 浓缩悠久的稻作文化

稻米作为年糕的根本，它的食用方法必然与当地的稻作特点和稻作种植的发展过程有着千丝万缕的关系。宁波年糕的发展，与其农业种植结构有关。

考古发掘已经证明，宁波有着数千年的水稻栽培历史，是中国最早种植水稻的地区之一。宁波境内的“河姆渡遗址迄今为止仍属中国乃至亚洲最丰富的稻作遗址”[①]。

“河姆渡以其数量惊人的稻谷遗存证明，这里已不仅是稻作的起源地，而是兴起了一个原始稻作农业的社会。当时河姆渡人已经大面积种植水稻，人们普遍以大米饭作为主食，兴起于六七千年前的杭州湾河姆渡文化，是一个稻作文化。”[②]

江南地区适宜于种植水稻和人民喜食稻米的事实，史籍也多有记载。《史

① 中华文化通志编委会. 吴越文化志[M]. 上海：上海人民出版社，2010：141.
② 张小梅.中国考古地图[M].北京：中国言实出版社，2012：140.

记·货殖列传》说道："楚、越之地，地广人稀，饭稻羹鱼，或火耕而水耨。"《汉书·地理志》也说道："江南地广，或火耕水耨。民食鱼稻，以渔猎山伐为业。"

光绪《鄞县志》卷七一《物产》上，"谷之属"中，对水稻也作了记载：稻有早禾、有中禾、有晚禾。早禾以立秋成，中禾以处暑成。中最富，早次之，晚禾以八月成。视早益罕矣。[①]

优质大米的出产为宁波年糕提供了物质基础。选择谷粒饱满、米质好的晚粳，做出来的年糕特别柔滑透明。清代乾隆年间的举人朱文治在《消寒竹枝词》中讲道："晚稻红须又白须，炊来饭滑味清腴。年糕同是沙田米，谁道余姚逊上虞。"说的是余姚从沙田里种出来的红须粳、白须粳，烧出来的饭如此柔滑，味道如此清香丰腴，做出来的年糕肯定要比上虞的好。

当代，地方农业部门还制订了有关地方标准。2009年1月18日，宁波市农业局，江北区农林水利局，江北区质监江北分局，制订了《宁88年糕专用稻米》地方标准。[②]

另外，宁波人善于因地制宜，他们发现席草田晚粳水磨年糕品质非常好，古林一带还形成了席草田晚粳水磨年糕手工技艺，"作为中国草席的发源地，草席种植历史已有几千年。而在草席收割后再种单季晚粳也有2000多年历史。经过几代人的实践，席草田种植的晚粳米制作水磨年糕，质量优于其他水稻米"[③]。

稻作文化的重要形态常表现在祭祀活动中，一年四季里，宁波人的生活与形形色色的米食息息相关。平日里天天吃粥吃饭，米是最简朴、最基本的民生需要。在稻作文化中，稻米是重要的财富与珍贵的象征，是人类文明繁衍至今的根源所在，一到传统节日，人们就把稻米磨成粉制作成年糕作为吉祥物供奉，以精致的米食祭祀天地祖先。

2. 反映丰富的年节文化

年节，是农耕文明的产物。年糕起初含有庆祝五谷丰登之意，成了岁月

① 宁波市档案馆档案资料，原件编号：T3.2.2-64。
② 王静.慈城年糕的文化记忆[M].宁波：宁波出版社，2010：236.
③ 宁波市文化广电新闻出版局.甬上风物：宁波市非物质文化遗产田野调查·鄞州区·古林镇[M].宁波：宁波出版社，2009：75.

更替的物象，成了民俗的符号。

“做年糕是宁波人庆贺新年的一种传统方式。”[①]

鄞州章水等地有年糕歌谣唱道：

冬至一过年夜到，买鱼买肉舂年糕。

隔壁婆婆要照顾，问其年糕几时做。

要么明朝日里做，烦烦杂杂小人多。

介么等到夜里做，脚木眼跳费油火。

派来派去呒告做，问侬阿婆年咋过？

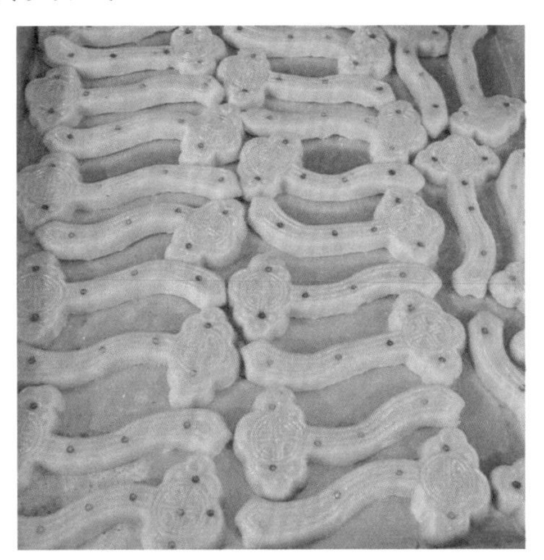

■ 如意年糕（丈亭糕老章产品）

在宁波，年糕是年节祭祀用品，也是年节的重要馈赠品和重要食品。

（1）年糕是重要的祭祀品

当先民以稻米为主要食粮以后，必然要与祖先神灵共享这种美好的食品，所以他们在祭祀中献上精心制作的年糕，以博取祖先神灵的欢心，祈禳来年保佑五谷丰登，人畜安康。

这一愿望也折射到年糕的外形上。人们把年糕制作成各种吉祥物，比如“如意年糕”象征“吉祥如意”“大吉大利”等寓意。还有制作成元宝、鲤鱼和猪、羊、牛之类动物的，以表达新年安康之意。

（2）年糕还是重要的馈赠品

年糕寄寓着人们对新的一年的美好愿望，这就为年糕作为食物的意义之上增添了一层象征意义。年糕不仅是一种节日美食，而且岁岁为人们带来新的希望。正如清末的一首诗中所云：

人心多好高，谐声制食品，义取年胜年，借以祈岁稔。

这是“一年更比一年好”的美好憧憬。清朝举人朱文治曾对余姚民间的年糕文化著有《消寒竹枝词》：

① 中央电视台纪录频道.舌尖上的中国·第1季[M].北京：中国广播电视出版社，2014：72.

人情谁不喜攀高，细事髫龄记得牢。

大小秤边仓廪畔，夜深处处饲年糕。

其意为，人总是喜欢向上的，童年时候一些小事还记得很牢。每当过年时，在夜深人静的时候，大人们把年糕扎在称钩上，放在谷仓、匮柜、米桶里，凡可放之处，处处放上年糕，祝愿一年更比一年高。此种民风，姚江两岸的农户延续至今。①

由于人们对这种象征意义的认同，年糕便成为一种民俗符号，在过年的时候赠送年糕，也成为一种美好的祝愿。

对于海外宁波帮而言，年糕是他们寄情故乡的珍贵礼物。

3. 饱含灵动的江南水乡韵味

水，是宁波年糕的魂。宁波年糕从原料的种植到成品的储藏、烹饪均离不开水。在宁海一市一带年糕被直接称呼为“水糕”。②江南水乡处处有水，因此人们在生产与生活中也就处处利用水。最为深刻也最体现因地制宜的应用，就是水稻的种植。宁波境内河湖密布，山水相依，雨水充沛，是生产年糕的原料——稻米的最适宜地区。

当然，宁波年糕对水的利用，最出彩之处在于采用了水磨工艺。如毛宗藩的《馈岁》所说：“献糕仍年例，粉餈出水磨。”《鄞西高桥章氏宗谱》卷四《岁时风俗志·年糕》有更详细的介绍：“以梁湖米或晚稻米磨粉（又有舂粉、碾粉）做年糕，将潮粉蒸熟，臼中舂之，揉为条，范以模型即成。或以粉做元宝，为祀神之用，做玩具、禽兽，供小儿游玩。年糕祀神祭祖外，并以馈赠亲友，取年年高之意。”③

宁波年糕对水的利用，最别出心裁的是利用水进行存储。待其冷透，完全干硬后，用清水浸泡贮藏，冬天每三日换水一次，不必加盖，春天则两天换一次水。家家户户都有存储年糕的甏。

4. 折射多彩的饮食文化

宁波年糕的发展，与地方饮食风俗也有着密切的关系。

---

① 严忠苗，陈永润.姚江特产[M].杭州：浙江古籍出版社，2009：284.

② 宁波市文化广电新闻出版局.甬上风物：宁波市非物质文化遗产田野调查·宁海县·一市镇[M].宁波：宁波出版社，2008：79.

③ 张如安.宁波历代饮食诗歌选注[M].杭州：浙江大学出版社，2014：47.

宁波有漫长的海岸线，海产资源异常丰富，菜蔬多样，为做宁波菜提供了丰富的四时烹制原料。宁波菜的烹饪方法通常以蒸、烧、烤、炖、腌等见长，注重原汁原味，同时甬菜多海味，并擅长烹制海鲜，体现鲜咸合一。

所以，宁波年糕的配料丰富，烹饪方式多样，或炒或汤或烤等。

（1）炒年糕

清代，慈溪坎墩人胡杰人（1831—1895）有《正月竹枝词》云：

家家红柬共相邀，兼味无多饮浊醪。

差喜杀鸡为黍补，登筵还有炒年糕。①

在炒年糕中，“菜蕻年糕”是日常的美味。谢翘的《泗门竹枝词（百首选一）》有：

戏演灯头贺上元，家家留客总盈门。

莫嫌下酒无滋味，菜蕻年糕炒几盆。

■ 梭子蟹炒年糕

“荠菜炒年糕”则是鲜美的野味了。宁波地方有俗语说：“荠菜炒年糕，灶君菩萨也馋痨。”另有“梭子蟹炒年糕”“桂花糖炒年糕”等名品。

（2）烤年糕

天菜属十字花科芸薹属叶用芥菜类中大叶芥品种，又名天菜芯或天菜心，为宁波地区特产的蔬菜品种，栽培历史悠久。据《宁波府志》记载，明代嘉靖三十九年（1560年）已有栽培。天菜具有适应性广、长势强壮、管理简单、病虫害少等诸多优点，在宁波市冬春季蔬菜中占有重要的一席之地。“天菜心烤年糕”是宾馆、饭店及广大市民餐桌上的常见佳肴。如果用大镬烤，也可用大头菜。“大头菜烤年糕”意寓“彩头高照年年好”。

① 张如安.宁波历代饮食诗歌选注[M].杭州：浙江大学出版社，2014：48.

（3）汤年糕

汤年糕有咸菜肉丝年糕汤、青菜年糕汤、鸡汁水年糕汤等。

（4）煮年糕

煮年糕有酒酿年糕、酒糟年糕，还有“酒酿番薯年糕汤”意寓“甜蜜发财年年高”。

（5）煨年糕

煨年糕是把新做的年糕从年糕缸里捞出来，擦干，煨在野外正烧得红旺的焦泥堆里，过会儿扒出来，年糕已焦黄圆胖，说明已煨熟，趁热嘎吱咬上口，外皮酥脆，内肉柔韧，香美无比。

另有美食家的一些创意：“宁波年糕因本身无味，又能吸附佐烹食材之鲜，一些吃得‘各色’的人，将之切片塞入鲈鱼腹中，然后上灶蒸熟。及至上桌，最受欢迎的就是饱吸了鱼鲜的年糕，鱼肉反在其次。”[①]

汉声编辑室的《慈城·宁波年糕》一书中记录了46道年糕菜，分别以煨、烤、爆、熗、煮、烩、蒸、炒、煎、蜜汁、拔丝等方法烹调出色香味俱佳的菜肴。[②]

三、年糕文化的整理与研究

1.《慈城年糕的文化记忆》

《慈城年糕的文化记忆》是2010年宁波出版社出版的图书。该书为宁波本土文化学者王静撰写。中国民间文艺家协会秘书长、中国民间文艺研究所所长向云驹认为：“王静写年糕，写了它的历史，写了中国的农耕文明，写了年糕制作技艺、印模雕刻，年糕民俗与食俗，年糕的品类样式口味，年糕的歌谣、谚语、故事、谜语、诗文、新闻等。这使得小小的年糕成为一个大大的文化果实，也使这本写小物象的书成为一本文化的大书。”[③]

2.《慈城·宁波年糕》

《慈城·宁波年糕》是2009年上海锦绣文章出版社出版的图书，作者为汉声编辑室。该书是一本专门介绍宁波年糕的书，作者走访了宁波地区的百姓人

---

① 青丝.宁波年糕[J].农产品加工，2012（2）.
② 汉声编辑室.慈城·宁波年糕[M].上海：上海锦绣文章出版社，2009.
③ 朱田文.泥土芬芳[M].宁波：宁波出版社，2014：138.

家及新加坡、美国和澳洲等地的“阿拉宁波人”，分稻米、工艺、食谱、科学和知味乡亲五个篇章完整地呈现了宁波年糕的加工过程。

《慈城·宁波年糕》不仅说年糕好吃，还从稻米分类谈品质、营养，总结出慈城晚粳米最适合做宁波年糕的道理。并从蛋白质及脂类含量、直链淀粉的多少、胶稠度及糊化温度各方面一一验证，充分说明宁波年糕“好吃”是有原因的。

3.《年糕赋》

宁波学者周时奋曾作《年糕赋》。

《年糕赋》(片段)：“年糕一物，米制之奇肴也。春种一粒，秋收万颗。晶若玉玑，莹如珮环，此天地之馈赠，人间之嘉物。水浸石磨，臼捣版印，浆如乳露，羊脂莫比，此人智之化物，历代之遗产。四季孕万物不可计数，唯以此糕命之曰年，既谐‘年年高’之口彩，亦以其春种夏耘秋收冬制之历程，统年节大物之总称。祭祖供神，映红烛熠熠；待客伺亲，印笑颐盈盈。切片如截玉横断，翻炒似异宝琳琅。和以荤素百物，馨涵玫瑰奇香。雅可上大宴，配以薤菜马兰冬笋片，亦称田珍；速而下汤菜，爆肉丝冬菇咸齑花，颂为上品。粉塑鲤鱼，手制利市，戒杀生而倡环保；条如金砖，状若元宝，无贪欲而成气氛。”[①]

本赋虽为“慈城年糕”所作，却挖掘了“甬上之珍物，宁人之异馐”所蕴含的历史文化内涵，写透了宁波年糕舌尖上的色、相、味与心头间的亲情、乡情。

① 周时奋.冷月银河[M].上海：上海社会科学院出版社，2013：287.

第六章 宁式糕点的文化意蕴

宁式糕点蕴含丰富的文化内涵，包括深厚的民俗文化、宗教文化以及千百年来广大民众对和谐、美好的生活的追求。

第一节 宁式糕点的佛教文化意蕴

宁式糕点文化含有宗教元素，尤其是佛教文化元素。

宁波历史上素有“东南佛国”的称号。宁波境内古刹林立，天童寺、阿育王寺、七塔寺、保国寺、观宗讲寺、雪窦寺等在历史上久负盛名。至今，宁波的佛教信徒、宗教活动场所不仅数量众多，分布也非常广泛。

佛教文化的繁荣，促进了宁波糕点业的发展，并且使得宁式糕点带有深厚的佛教文化元素与意蕴。

一、直接来源于寺庙的餐食与礼佛习俗

有些糕点直接来源于寺庙的餐食与礼佛习俗。

慈城一带有饼，名“和尚饼”，其原名为“和尚馒头”，曾为僧人、佛教徒的餐食。由于慈城是个佛教圣地，历朝历代相继建有寺、庵数十座，僧众数以千计，信徒也为数众多，吃和尚馒头的人很多。但馒头毕竟不能久储，于是慈城商人开动脑筋，他们把和尚馒头加以改造，烘制成外形小巧的饼，取名为“和尚饼”，作为糕点走向市场，或作祭品，或作礼品，或充当点心零食，得到百姓的欢迎。自此和尚饼代代相传，成了慈城一带的特色食品。

“米馒头”的来历也与礼佛有关。

据《浙江通志》和《鄞县通志》所载，南宋丞相史浩为老娘亲在东钱湖中的霞屿小岛上仿照普陀山的潮音洞建造了一个敬香拜佛之地，名曰小普陀。小普陀建造完工后，为观音大士开光需要供品。他们就用米粉制成团来供奉。开光过后，他们将供品献给洪氏太君品尝。可这种米团非常硬，洪氏太君咽不下去，想着是自己无福享受菩萨的佛团。

后来，聪明的厨师想出一个办法，在米粉中加入白药于温室中发酵，再拌入白糖，蒸熟后，在团中央再印上一个寿字的红印，定名叫“米馒头”，给太君品尝，洪氏太君很高兴，觉得好吃！

史浩得到老娘的欢心后，将米馒头带到临安（今杭州）给宋孝宗品尝 。这样一来米馒就大有来头了。从此一传十、十传百，米馒头成了民间传统的吉利点心。

■ 米馒头（宝舜食品供图）

二、依托寺院发展的糕点业

传统中人们在拜佛时会奉上供品，向自己心中崇拜的偶像敬献。这些供品的主要类型是糕点。人们在拜佛前准备香烛的同时往往会一并准备糕点。为此，商家也常把茶食点心与香烛祭品结对供应。

当时，宁波人经营的南货店主要供应南北干货、副食品，以及各种茶食点心，同时也供应香烛祭品等。

有些老字号，就是依托寺院发展起来的。

怡泰祥南货店始创于1875年，地址就位于七塔寺旁百丈路灵桥东首，创始人是当时浙东名刹七塔禅寺方丈慈运长老的一位俗家弟子。

七塔寺又称“小普陀”，是当时宁波城里规模最大的佛寺，与天童寺、阿育王寺、延庆观宗寺齐名，并称为浙东佛教“四大丛林”。“光绪二十一年（1895），慈运长老进京请颁《龙藏》一套，并蒙光绪皇帝敕赐寺额‘报恩寺’。”[①]因此七塔寺香火日益鼎盛。

怡泰祥南货店的创始人因见十方信众来七塔寺礼佛，备物有诸多不便，为方便起见，开办了这家南货店。

“怡泰祥”三个字，取义也多有佛教教义。“怡”是乐的意思，愿为众生带来方便，得到真快乐；“泰”是安定的意思，愿十方人民，常来菩提道场，祈愿国泰民安；“祥”是吉瑞的意思，愿普天之下，无忧苦，得真解放，光明

① 宁波市海曙区政协文史委.甬城老字号[M]. 宁波：宁波出版社，2012：234–235.

十方。“怡泰祥的经营者长期受佛法的熏陶，恪守‘一切资生事业皆是佛道’、‘佛门无小事’的原则，将经营作为修身的一种途径，从不沽名钓誉，奉行‘处财货之间，而修高明之行’、‘利而不污、利以义制、名以德修’的经营观。”①

随着七塔寺不断扩大影响，到寺参礼人数的激增，怡泰祥的经营规模也就逐步扩大。店内增设了素食糕点房、干鲜果品房与经器香烛房，产品主要包括南北果品、糕点酥饼、细面坚果等。每房都设有专业司职人员，各房实行独立分管联动经营。

当时善男信女礼佛的供品多为糕饼、馒头、荷叶卷等。馒头、荷叶卷等软点心，需用水蒸熟，在宁波称为“水作”，都是整盘上供。大的佛事用量颇多，素食糕点房就特别用心经营，所以怡泰祥经营的糕点酥饼最为有名。后来“怡泰祥”成为宁波妇孺皆知的南货名店，驰誉沪杭，扬名海外。

三、糕点食俗来源于佛教节日纪念

比如盂兰盆会。每年农历七月十五日为佛教的“盂兰盆节”（道教谓之中元节）。佛教仪式中佛教徒为了追荐祖先举行“盂兰盆会”，宁波各地也非常兴盛。

明代嘉靖三十五年（1556年）的《象山县志》里有下述记载：“中元各家以牲醴羹饭祈其先，缁黄之流读经供佛，谓之盂兰盆会。”而编撰于民国时代的《象山县志》中的“岁时俗尚”条目则稍见详细：“（中元）各家以牲醴羹饭祈其先，缁黄之流读经供佛，谓之盂兰盆会，俗曰放焰口。以新米粉为麦果，供佛及祭祖先，谓之荐新。亲戚各相馈赠……”②

再比如腊八节。十二月初八吃“腊八粥”过“腊八节”，是因中国佛教徒纪念释迦牟尼佛成道而形成的一个风俗。相传当年释迦牟尼为寻求人生真谛与生死解脱，毅然舍弃王位，出家修道，在雪山苦行六年，常常日食一麦一麻。后来他发现一味苦行并非解脱之道，于是放弃苦行下山。这时一位牧女见到他

---

① 李文国，释可祥.“怡泰祥”南货店始末[M]//宁波市海曙区政协文史委.甬城老字号.宁波：宁波出版社，2012：235-236.

② 钱丹霞.祖先祭祀中的亲族原理和佛教元素：以宁波市象山县为例[J].广西民族大学学报(哲学社会科学版)，2009（3）：43-50.

虚弱不堪，便熬乳糜供养他。释迦牟尼的体力由此恢复，随后于菩提树下入定七日，在腊月初八，夜睹明星而悟道成佛。据此传说，汉传佛寺每年的腊月初八都要以各种形式予以纪念。其中熬粥供佛成为常仪。佛教认为食粥有很多好处，因此寺院一般在早晨都有食粥的习惯。至于腊月初八煮腊八粥就更讲究了，通常都用莲子、红枣、薏仁、芸豆、白果、黍米、白糖花生等八种东西一起煮，称为“八宝粥”。不仅粥煮得好，而且煮得特别多，以满足前来寺院参加纪念法会的善男信女的需要。年复一年，寺院做腊八粥的传统便广泛传播到民间。

四、制作糕点前后举行的祭祀活动

在一些地方，传统做年糕时，也会有祭祀活动。凌晨两三点钟，做年糕的人家就要“请菩萨”。

一般做年糕在开阔的场地上，比如晒谷场周边的仓库门口。在第一笼由米粉搡糯成团的年糕粉中，主人会先摘三团，置于场地高处，或放在长凳上，然后点上香烛，谓祭天地，又说是新年新势头，头蒸供菩萨。余下的米粉做成年糕，作为每家每户谢年祭祖的供品。

摘三团第二笼的米粉，放入各家的祠堂或祖宗像前，谓尊祖宗。余下的米粉或做年糕，或摘年糕团，所有做年糕的人先享口福。此时，在场的所有人，不管是男女老少，熟悉或陌生的，凑热闹帮忙的，还是陌生的过路人，都有吃年糕团的份，寓意同享欢乐。

“一般在早稻收割后，就有人开始制作糕点了，庆贺早稻收成好，高高兴兴地做点灰汁团吃吃，也请地藏王菩萨。每年农历七月半，新早稻谷登场，人们为告慰先辈，在祭祖时，除供上新米饭外，还供上灰汁团这道点心。在奉化市一带，第一笼出笼的灰汁团需盛一碗供在灶头，以供灶君菩萨享用。”①

在鄞州章水，正月初一吃汤圆习俗中还有一个特殊的环节：吃汤圆之前先要敬神祭祖，点三支香，放上几碗汤圆。

① 狄智奋.宁波女俗[M].杭州：浙江大学出版社，2014：75.

第二节 宁式糕点的慈孝文化、和睦文化意蕴

一、宁式糕点的慈孝文化意蕴

许多宁式糕点品种的形成，本身就是慈孝文化孕育的结果。

五月端午吃乌馒头是慈城的传统习俗，乌馒头还成为端午那天孝敬长辈特别是准女婿孝敬岳父母的必备礼品。这种风俗作为慈孝文化之一，代代相传。

宁海一带有“三月三，送炒粉”的习俗。

炒粉糕，糕里加入了玉米、核桃、芝麻、生姜、糖等原料，用刀片划成细细长长的模样，再蒸熟，做出来的炒粉糕精致小巧，香气扑鼻。

这一简简单单的美食，有着其独特的意义，它是一个关于孝的延续。民间素有“三月芜荒”的说法，很久以前，有一户已出嫁的女儿担心在这段时间里，父母劳作辛苦，而上年收入的粮食也差不多已在冬日吃完了，在这荒芜的三月可能会挨饿，就省下自己吃的，将家中剩余材料制成食物，称作“炒粉糕”，送给父母，以补给粮食。从那之后就有了送炒粉糕的习俗，每到三月初三，出嫁的女儿便做好炒粉糕，装在大甩桶和小甩桶里，再买来黄鱼一并送到娘家。母亲把女儿送的炒粉糕分给邻居们享用，让大家分享自家女儿的孝心。①

孝女送糕点的故事一直流传至今。而且炒粉糕也开始流传开去。“炒粉糕”三个字不单单是一道美食，而且还是一个孝女形象的传承。炒粉糕，虽不起眼，却包含万千孝意，以美食传情，报答母亲的养育之恩。这便是这个传统美食所传递的文化意蕴。所以“炒粉糕”也叫“孝娘糕”。

在宁波慈城，重阳节被打造成“慈孝节”，人们用重阳糕传递爱心。重阳糕既是儿女孝敬父母，又是父母关爱儿女的美好载体。

宁波老话讲，“重阳担，挈只篮”。重阳节，宁波人讲究挈一只饼盆篮，孝父母。

这个饼盆篮是红色的，好几层隔开。篮内放的东西很多，一层放用红纸

① 宁波市文化广电新闻出版局. 甬上风物：宁波市非物质文化遗产田野调查·宁海县·前童镇[M]. 宁波：宁波出版社，2008：105.

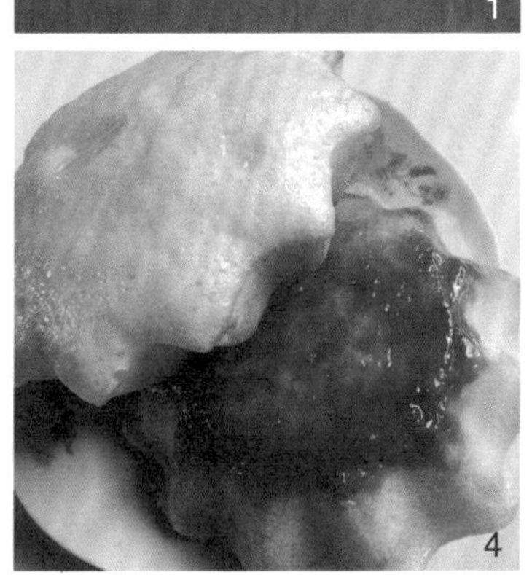

1. 孝娘糕
2. 饼盒篮（2018年2月2日摄于宁波古玩城）
3. 重阳慈城——中华慈孝节（2019年10月7日摄于慈城）
4. 乌馒头
5. 重阳糕

包的钱，一层放酒，还有一层放些水果与重阳糕。钱要么整数，要么最后一位数是九，意为长长久久。

王升大博物馆传承传统，在重阳节推出适合年老人口味的“九九重阳糕”。据王六宝馆长介绍，王氏家谱记载，“九九重阳糕”创于清代光绪二十一年（1895年）。出品当时成了风岙的一道慈孝风景线。民众为尊父母敬祖辈，日日排队争购。王升大老板兴儒太公为爱老、助老，出台了两个自由：凡贫弱者买去馈赠老人的，付款自由；凡年迈者囊中羞涩的，领取自由。

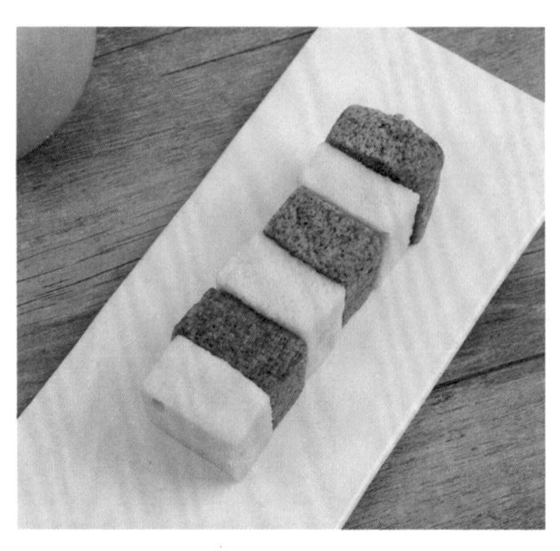
■ 孝仁糕（宁波雨石食品供图）

北仑一带在重阳节有这样的习俗，用来表达父母对子女的慈爱与关切：九月初九天明时，以片糕搭儿女额头，口中念念有词，祝愿子女百事俱高。这也是人们做重阳糕的来由之一。讲究的重阳糕要做成九层，像座宝塔，上面还做成两只小羊，以符合重阳（羊）之义。有的还在重阳糕上插一面小红纸旗，并点蜡烛。这大概是用“点灯”“吃糕”代替“登高”的意思，用小红纸旗代替茱萸。

鄞州章水有正月初一吃汤圆的习俗，分家的媳妇要先把汤圆端给公公婆婆，以示孝顺。

还有直接以“孝”命名的糕——“孝仁糕”。

二、宁式糕点的和睦文化意蕴

宁波各地有老话“一篮来，一篮去，一篮勿去断来去”“亲眷篮对篮，邻舍碗对碗”，讲究礼尚往来，习惯经常用糕点来增进感情。

糕点是行孝睦亲的纽带，更有用“和气”专门命名的糕点。

1. 捣和气粢习俗

捣和气粢是本地沿袭很久的婚嫁习俗，意为吃了和气粢，结婚后夫妻恩爱，家邻和睦。和气粢是女方娘家在女儿结婚那一天陪嫁的必备礼品。意思是，女儿嫁到夫家，与丈夫、公婆、叔伯母（妯娌）、大伯叔、姑娘（小姑子）都要和和气气，同邻里乡亲也要和和气气，敬老爱幼，和睦相处。姑娘家要结婚了，娘家人要捣和气粢，在迎亲队伍来抬嫁妆时，将和气粢放在米箩担里让男方抬走。

做“和气粢”先要准备好八升糯米，放清水中浸泡，天气暖一日一夜，天气冷两日两夜，总之要使米浸透，用两手指一搓即碎便好。将浸好的糯米，放蒸笼内蒸，约一个钟头，等上面的米完全熟透，再放在捣臼里，几个人轮流将糯米饭捣到有韧性、很黏为止，再放到床板上用擂杖压扁压薄，做成一个约一尺直径的圆饼，用八粒枣，镶在上面，冷却后用布拦（围腰布 ）裹好，放进针箜篮（妇女做针线用的簸箕），陪嫁到男方 。

婚礼后，大家高高兴兴地忙碌了一整天，一般在夜里十一点钟前吃夜宵时厨师拿出和气粢，切成小块，给大家当夜点心。不过新娘的夜点心是厨房早已准备好的糯米圆，说是吃了甜圆，全家团圆 。

如果结婚当晚的和气粢没吃完，改天婆家会分给邻居吃，意思是大家吃了，都和和气气。

而在慈溪附海一带有“和气团”，是一种汤团，一般在结婚、上梁等喜事时用。这种汤团有时又叫“满月团”“结缘团”等。

2. 满月分“相量盏”习俗

一直以来宁波各地都有婴儿满月之日给附近小孩分相量盏的习俗，寓意希望孩子们日后和睦相处。

小孩出生满一月，家里为了庆贺，要办满月酒 ，同时婴儿父母还要给邻居孩子分“相量盏”，就是将蒸熟的糯米饭用酒杯盛上（一般用两只酒杯盛满饭，再覆在一只酒杯上，显得满、高、尖、好看），顶里放一块红糖。有的是到左邻右舍各户分面，称为“相量面”。

希望邻居孩子将来和自家的孩子一起相相量量，友好相处。

3. 合作磨粉习俗

旧时，石磨一般是公用物件，一个墙门或十几户人家用一柱 ，有私有公用，也有共买拼用，它一般放在公共场所或廊屋门前，绝不会放在家中。在春节、清明、立夏、冬至等节日时农村中有做汤果、金团等点心的习俗，家家都要磨较多的米粉，因此必须多人磨粉 。这就得互相帮衬，互助合作，如果某户人家磨许多粉时无人帮忙 ，就会被人看作“呒人理睬”“关门吃饭”，因而磨粉就成了邻里团结、和睦的象征，对邻里关系有一定的促进作用。

■ 磨粉

三、敬畏自然、感恩百物的情结

农耕时代依赖自然条件来过日子，所谓“靠天吃饭”。人们认识到，山水万物是大自然对人类的恩赐。人们对老天存有敬畏之心，对万物存有感恩之情。

宁波一直以来就有“万物有灵，感恩万物”的理念。在宁波民间有许多与动植物有关的节日，体现了人们的信仰及对大自然的感恩之情，比如二月初二“麻雀节”、三月十九“太阳生日”、四月初八“牛生日”、五月二十五“谷神生日”、五月十三日“关帝生日”、六月初六“黄狗猫生日”、八月二十四“稻生日”、腊月十二“蚕花姑娘生日”等。

这种理念也体现在糕点习俗中。

旧时，除夕之夜除送年供神外，北仑一带还有不点香烛，不烧纸钱，用米馒头祭供米缸、水缸、砻、磨、风箱等习俗（因为米馒头是米粉发酵做成的，含有“发”的意思）。

第一祭米缸：女主人把两只米馒头放在已盛得满满的米缸上面，将米升子覆在米顶头，祈祷“缸缸满，甏甏满，白龙米缸盘”。说毕，盖上米缸盖。次年正月初二，女主人将这两只米馒头蒸热给家中最长者和最幼者各吃一只。

第二祭水缸：女主人在除夕夜最后一次舀水后盖上竹编的水缸盖，在每只水缸盖上放一只米馒头。若天亮前这只米馒头被老鼠或屋外的鸟叼去，则为吉利，如果数日后米馒头仍在，女主人会把它涂上油，引诱鸟或老鼠把它叼走。

第三祭砻神：男主人拿一只米馒头放在砻上，如果次年要用砻时这只米馒头仍在，男主人会说：“谷龙仍在我家。”如果米馒头不见了，男主人就说“谷龙吃了我的米馒头”等吉利话。

第四祭磨：女主人将两只米馒头放在离磨近处，但不能直接放到磨上，其意忌讳“入磨”（中魔之意），并祈祷“磨神帮穷，石磨不空”，期盼第二年是丰年。

第五祭风箱：主妇用两只米馒头放在扇谷米的风箱斗中，接着将风箱动一动（朝南方向），其意是“南风起，丰收年”。[①]

一些地方，大年三十晚饭后长辈要给小孩分压岁钱，孩子则跟着大人给石磨、捣臼、米缸分压岁糕。即在家中大小用具什物旁，如灶头、菜橱、眠床、菜桌等，放些糕点，亦称“压岁”。

也有的地方，在大年三十晚餐毕，长辈分压岁钱给孩子，压于枕下。此夜，主妇要把次日（正月初一）需动刀的食物切好，地也扫好。扫地毕，洗净扫帚，柄上放汤圆，叫作“分岁”。在卧室用米筛搁凳上放酒、菜、饭，祀床公床婆，祈求小孩终岁平安。

■ 乌饭麻糍
（2019年1月22日摄于年货展销会）

宁波人把对自然的敬畏与崇拜表现为以祭祀来报答自然。慈溪《横河镇志》记载：“农家还在地头祀‘田公田婆’，牛栏、猪舍、鸡笼祀各神，祈求五谷丰登，家畜平安。”大年三十“各家水缸都要挑满水，米缸盛满米，置如意年糕、两碗送年米饭、十二个送年汤团于米缸内，谓之缸缸满、甏甏满。各室点灯，大户人家高烧明烛，通宵达旦”[②]。

这种感恩情结还表现在对耕牛的特别爱护上。宁波人把农历四月初八定为牛的生日，到了那天，凡农户有耕牛的，都要为牛做生，主要是捣乌饭麻糍喂给牛吃，同时还喂其鸡蛋黄酒。乌饭麻糍是用乌饭树梢头嫩叶捣烂滤汁，与糯米蒸饭捣成，味稍甜，做成麻糍后在外面撒上松花。

四、宁式糕点的养生文化意蕴

在宁式糕点文化中，养生一直贯穿于宁波百姓的生活之中。

养生文化在中国有着数千年的发展历史。“早在春秋战国时期，经典之作

① 汪志铭.甬上风物：宁波市非物质文化遗产田野调查·北仑区·大碶街道[M].宁波：宁波出版社，2009：149.
② 横河镇志编纂委员会.横河镇志：上[M].北京：方志出版社，2007：252.

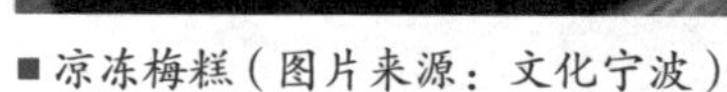

■凉冻梅糕（图片来源：文化宁波）

■水果软糕（草湖食品公司提供）

《黄帝内经》就全面地总结了先秦时期的养生经验，提出了在医学史、养生史上都非常著名的‘治未病’理念。中国的传统养生学所用的‘天人相应’的整体观，以‘精气神’为基础的生命本质观，以及‘生生不息’的运动观等，成为中国人养生的基本理论支柱。”[①]中国传统的饮食养生之道，讲究的是从阴阳、应四时、致中和。讲究因人制宜、因时制宜、因地制宜。人们认为糕点除了充当节日食品，还具有食疗的作用，即使食用纯以米粉制作的糕，对人的身体也有一定的益处。

李时珍《本草纲目》之“糕”：“粳糕：养脾胃厚肠，益气和中。粢糕：益气暖中，缩小便，坚大便，效。”

1. 应时应节，注重四时养生

宁式糕点最重视应时应节，注重四时养生。什么样的时节使用什么样的原料，食用什么样的糕点，皆以顺应四季为原则。春天注重调气，夏天注重清火，秋天注重蓄养精气，冬天注重养神。比如农历六月，就吃容易消化的点心，如米馒头、灰汁团、水溻糕等。

各大老字号均有很好的实践。

“怡泰祥南货店”是家远近闻名的百年老店，经营的四时茶食现做现卖。春季是茯苓糕、绿豆糕，夏季是冰雪糕、薄荷糕，秋季是月饼，冬季是麻酥

① 唐缨，尤秀渊.国学易知[M].镇江：江苏大学出版社，2014：362.

糖、藕丝糖。端午节是蜂糕，过年前是祭灶果等。

老字号“大有”制作的糕点茶食同样十分讲究掌握季节，做到“应时茶食”。春季生产茯苓糕、核桃糕、百果糕；夏季供应薄荷糕、冰雪糕；中秋供应月饼；冬季供应糖货。如此种种，深受顾客欢迎。

旧时慈城一带的四时名点为：春吃茯苓糕，夏吃黄蜂糕，秋吃栗子糕，冬吃桂花糖年糕。其中，茯苓糕有健脾渗湿，宁心安神的功效，对高血压等疾病的患者效果也非常好。

慈溪的“永丰茶食”同样讲究应时应节。每年七月十五，永丰店就把师傅从宁波东乡请来。七月廿二，水糖球上市；八月初七后改做桂花糖麦果和芝麻糖球；八月二十起，改做豆酥糖；重阳一过，永丰店就做藕丝糖。

三北人在暑期爱制作凉冻梅糕避暑消夏。一般在梅子成熟、天气较热的时候自制。用料是用莲心、枣子、瓜子仁、橘饼、桂圆肉、荸荠片、桂花、白糖、红绿须及各式各样的果脯、蜜饯，为夏季最佳点心之一，香甜糯滑，风味独特。

2. 因人制宜，因地制宜

旧时观海卫义生店的老板制作过一种“长寿糕”，多为老人所食用。其原料用中药芡实、莲肉、茯苓、淮山药配以优质糯米，既能滋补强身，又芳香可口，无苦味异味，为人称道，风靡一时。

现时，“王升大”制作的“小王糕”，遵循传统，将粳米磨成米粉，配上适量的中药丁香、砂仁、白芷、豆蔻、大茴和研成粉末的食用香料，再拌以纯白砂糖，和粉成型后，放到白炭火上烘焙，这样焙制的香糕黄而不焦，硬而不坚，上口松脆香甜，并有解郁、和中、开胃、健脾之功能，适合少儿食用，深受广大老百姓的喜爱。

第七章　宁式糕点的传播与影响

第一节　宁式糕点近现代在上海等地的传播与影响

到了明清，宁式糕点已逐步形成了自己的特色，并流传到外地，包括上海，苏州、汉口等地，尤其在上海，销售宁式糕点的著名南货店有邵万生、三阳、大同等，均是经营宁式糕点的名店，在上海茶食行业中久享盛誉。

一、宁式糕点在上海的传播

1. 在上海经营宁式糕点的名店

"宁式糕点传至上海，仅稍迟于苏式和潮式。约在一八六〇年左右，最早是南京路上的三阳南货店，自设糕点作坊，专做宁式糕点，迄今已有一百二十多年的历史了。接着，天福、邵万生、甡阳、叶大昌、叶庆和、老大同等相继设立。"①

"20世纪30年代，上海有各种南北货店300多家，最著名的是'五大家'，即邵万生、三阳、天福、叶大昌、大同，均为宁波人所开。"②（见表7-1）

表7-1　上海南货五大家一览表

店名	创建时间	创始人	总店地址	分号
邵万生南货号	1852 年	三北邵六百头	南京路	
三阳南货店	1870 年	宁波城里唐某	南京路	
天福南货字号	20 世纪 20 年代		南京路	
叶大昌茶食南货号	1925 年	鸣鹤叶启宇	塘沽路	东南北 3 家分号
大同南货店	1938 年	宋卓栽	顺昌路	13 家联号

注：来源于周时奋.铺陈文明.博物馆陈列大纲专辑：上[M].上海：上海社会科学院出版社，2013：285 — 286.

① 上海文化出版社.上海特产风味指南[M]. 2版.上海：上海文化出版社，1985：262.
② 周时奋.铺陈文明.博物馆陈列大纲专辑：上[M].上海：上海社会科学院出版社，2013：285.

（1）邵万生南货号

■ 1870年南京路的邵万生南货号门面（资料图片）

邵万生南货号原名邵万兴南货店，清代咸丰二年（1852年）由宁波人邵六百头开设于上海吴淞路，专营宁波风味食品，兼营其他食品，并自设工场，制作醉蚶、虾子酱油、苔条饼、糟鱼等宁波人喜食的食品。1870年将店铺迁至英租界大马路（今南京路山西路西，现振昌珠宝店处），改名邵万生南货号。20世纪20年代末，邵氏后裔邵厥逊继承祖业。后店址又两经迁移，先迁至福建路南京路口（现知味观处），1930年再迁至南京东路（今址）。1935年，邵厥逊因负债将店盘给房东许氏经营。邵万生在经营上自有特色，供应的食品很能掌握季节性，早在清代光绪三十三年（1907年）即被上海志书称为“名驰各埠，乃吾邑店铺中著名者也”。其后虽几经沧桑，数易其主，但商店特色始终不变，盛名不衰。该店现址南京东路414号。①

（2）三阳南货店

三阳南货店创建于清代咸丰年间，以专营南北货和最早加工宁式糕点而著称。

这家百年老店生产的宁式糕点多达60多种，花色不断翻新，产品适时交相上市，春季麻枣、雪枣，夏令薄荷糕、水晶糕，冬令豆酥糖、寸金糖，端午中秋节油包、乌馒头、月饼等，常年有马蹄蛋糕、千层酥、芝麻饼等。该店生产的羊牌乳儿糕，用传统工艺浸泡磨蒸，粉色洁白，细腻滑口，乳儿容易吸收。该店的马蹄蛋糕和羊牌乳儿糕，先后多次荣获局、市、部级优质食品奖。②

该店自制的宁式糕点按宁式传统制法生产，精工细作。如在片子糕制作成形时掺进不同颜色的米粉，切片后剖面会出现人像和福、禄、富、贵等字样。

三阳南货店生产的马蹄蛋糕香味浓郁，质地松软，在同行中可称首屈一指。

① 金普森，孙善根.宁波帮大辞典[M].宁波：宁波大学出版社，2001：147.
② 《上海之最》编委会.上海之最[M].上海：上海人民出版社，1990：346.

■ 20世纪20年代的三阳南货店(资料图片)

改革开放以来，“三阳”宁式糕点又有了新的发展，如雪花软糖、营养奶糕、草莓双色印糕、秋叶酥、虾仁油占子、宁式苔菜月饼、系列苔生片等，深受顾客欢迎。“三阳”的宁式月饼，多次被评为全上海市第一名。[①]

三阳南货店在商品包装服务上也有特色。昔日公馆大户购货，只要来一张单子，商店就逐一配齐，包装好按时送货上门。特别是该店的“糕桃烛面”“盆景花篮”礼品包装，更是独具风格。这种“盆景”专为做寿、结婚等喜庆之用，四盆为一套，并配有一米左右见方或长方形霓虹灯，制成“鲤鱼跳龙门”“八仙过海”“蝙蝠飞舞”等图案，通电后彩灯闪烁，富丽堂皇。当时沪上南货大店有百余家，会制作盆景的仅三阳、天福两家，而在盆景上装配霓虹灯的只有三阳一家。一些头面人物常以陈列“三阳”盆景显耀富贵。抗战胜利后，蒋介石做寿，有人订制“三阳”霓虹灯盆景送往蒋府。该店曾派专人飞往南京安装。

三阳南货店的经营特色被概括为“酥、糕、饼、糖，脍炙人口；福、禄、寿、禧，心诚礼义”[②]。

（3）天福南货号

天福南货号于民国初年由旅沪宁波商人开设于上海南京路金华路口（现金桥百货店、闽江饭店处），1927年迁址至南京东路512号，主要经营糕点、罐头、茶叶等高档南货。该店出售的杭州龙井茶、金华火腿等均派专人到产地选购。1958年该店歇业，糕点部并入三阳南货店，糟醉部并入邵万生南货店。原址现为上海家具商店。[③]

---

① 刘守敏，徐文龙.上海老店、大店、名店：上卷[M]. 上海：上海三联书店，1998：65.

② 上海市经济委员会.海派经典——中华老字号集萃：第一辑[M]. 上海：上海锦绣文章出版社，2008：43.

③ 金普森，孙善根.宁波帮大辞典[M]. 宁波：宁波大学出版社，2001：37.

（4）叶大昌食品店

叶大昌食品店由慈溪人叶启宇于1925年创设，素以自产自销宁式糕点兼有三北地方制作特色而著称。尽管地处冷僻的虹口塘沽路上，但它以一批别具风味的产品，跻身名家之列。“其部分产品如香糕、火炙糕、奶糕等早在1932年就开始出口，在东南亚和港澳地区颇享盛誉。特色产品有绿豆糕、苔生片等。传统佳品还有三北豆酥糖、千层酥、蛋饼、椒桃片、水晶骆驼蹄以及全市独一无二的三北藕丝糖等。每逢清明、端午、中秋节，还有时令糕点应市，尤以宁式百果、玫瑰、苔条、南腿四种月饼扬名。该店原址在上海塘沽路。”①

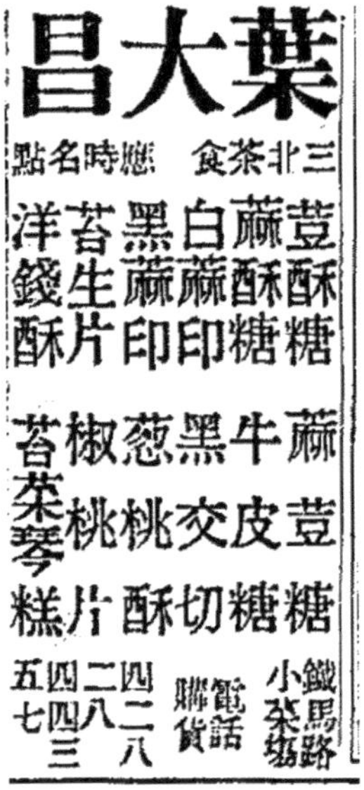

■ 叶大昌食品店在《申报》上做的广告（资料图片）

由于叶大昌食品店的位置并不引人注意，老板叶启宇便在营销上动足了脑筋。他专门请铅皮匠定制了几十只可背的大铁箱无偿提供给小贩用，条件是小贩走街串巷时，须叫卖“叶大昌三北豆酥糖”。同时，实行电话预订送货，送货员须身穿印有“叶大昌”牌子的黄马甲。对一些价格低廉的商品按成本价出售，让利于小贩和顾客。一时间，上海街头巷尾小贩们的“叶大昌三北豆酥糖”叫卖声不绝于耳，“叶大昌”黄马甲成为一道亮丽的流动风景线。一包包小小的三北糕点系列使“叶大昌”声名鹊起，成为上海人人皆知的宁波帮特产商品。

中秋月饼、绿豆糕、马蹄蛋糕、洋钱饼、椒盐香糕、火炙糕、椒桃片、玉荷酥、千层酥、豆酥糖、藕丝糖等宁式传统特色糕点都是叶大昌食品店的招牌产品。

“叶大昌”食品选料精细，烘烤适合，不脱皮、不掉屑，存放经年不会霉变，深受大陆和中国香港、东南亚一带同胞的欢迎。

“新中国成立后，叶大昌发展很快，品种增加到一百多个，被誉为‘正宗三北糕点’。如玉荷酥，质地细腻，入口即化；豆酥糖，风味纯、口味佳；苔生片、椒桃片、苔条千层酥等均以工艺精细闻名；胡桃软片被评为商业部级优

① 《上海词典》编委会.上海词典[M].上海：复旦大学出版社，1989：125.

质食品。其中豆酥糖、椒桃片、苔生片、千层酥等远销港、澳（地区）和美国。”20世纪90年代，“叶大昌”被评为“中华老字号”。[①]

（5）大同南货店

大同南货店也以自产自销的宁式茶食而著名。

大同南货店由宋卓栽开设于1938年，原来有两家分店，其中一家开设在杨浦区通北路平凉路口，另一家就是坐落在大同南货店对面的大同新南货店。除此之外，大同南货店的老板宋卓栽还在上海市内拥有“福大”“信大”“增大”“瑞泰祥”“万泰恒”等13家联号，是当时上海南货业中的一个巨子。大同南货店在刚开业之时规模很小，仅附设一个小作坊，只有两三个工人做金钱饼、梅花蛋糕等一般宁式糕点。经过几年的创业，其才逐渐积累资金，增强了实力。1946年该店翻建了楼房，设立了工场，砌了大炉灶、焙箱，聘请了四五位宁式糕点师傅。先是生产一些面席、高包、福包、油包、龙凤金团，尔后发展到生产糕、桃、烛、面、枝、元、枣盆景等，由于品种多、质量高、特色强，在当时非常受欢迎。

新中国成立后，大同南货店的供应品种又逐步增多，并创制了一些特色品种，如椒盐桃片、重糖云片糕、绿豆糕、宁式豆酥糖、和合印糕、椒盐麻糕、苔条油占子、花生片、粉仁糕、黑麻酥糖、猪油米花糖等。这些糕点食品选料讲究，精工细作。例如：椒盐桃片，采用传统工艺制作，刀工精细，片薄香脆；绿豆糕，用纯麻油精制，色鲜光泽，粉糯甜口；宁式豆酥糖，以纯黄豆粉、糖粉、饴糖等为原料，造型层次分明，甜而不腻，不粘牙齿。[②]

1983年建成大同南货食品厂，今址在上海顺昌路340号。[③]

2. 宁波年糕在上海

宁波年糕在晚清时即已在上海开设销售的店铺了。《申报》1880年12月22日有题为“失慎未成”的消息，内称“英租界尚义街口有新开之宁波年糕铺”。

到了民国时，上海制的宁波年糕十分畅销。《申报》1936年1月28日有文章记载：“上海是宁波人的上海，所以过了国历年，大街小巷里的糕团铺，不用说了，都制售着宁波年糕。就是小南货店、小面馆、油豆腐线粉摊等等，总

① 《上海之最》编委会.上海之最[M]. 上海：上海人民出版社，1990：346.
② 张庶平，张之君.中华老字号：第一册[M]. 北京：中国轻工业出版社，1993：394.
③ 金普森，孙善根.宁波帮大辞典[M]. 宁波：宁波大学出版社，2001：17.

之是小规模的吃食铺，也都纷纷地带售着宁波年糕。……宁波年糕和苏州的桂花年糕、猪油年糕是截然不同的。宁波年糕中是绝对没有一屑糯米粉的。宁波年糕是完全用粳米硬舂成的。……宁波年糕是淡的，不像苏州年糕那么的甜美。但是宁波年糕之所以能受大众欢迎，也就在淡味上面。因为宁波年糕是淡的，所以喜欢吃甜的，尽可加着糖，煎熬炒煮，而喜欢吃咸的，尽可加入鸡丝肉片，随心所欲。”[①]

据“王升大”第四代传人王六宝介绍，在上海发迹的宁波帮地产大王周湘云为报效乡里，曾于20世纪30年代帮助王升大米号在上海二马路（九江路）780号开设年糕作坊，把宁波西乡凤岙老街的“王升大年糕”每年数以百吨直销上海，让居住在上海的宁波老乡前来购买，既照顾了“王升大”的生意又惠及了乡亲。同时他们还把宁波的“馈”也带到了上海，那种“吃小亏占大便宜”的寓意，打动了精明的上海人，糯米“馈”成了“王升大”的招牌生意。

二、宁式糕点在苏州、汉口等地的传播

（1）苏州叶受和茶食糖果号

清代道光十二年(1832年)，慈溪人叶鸿年在苏州观前街35号开设了叶受和茶食糖果号，以“和气待客”为店训，品种齐全，质量上乘。1929年店面翻建成三层楼西式建筑，并新建景德路53号店面，先后在苏州设立三家分店，营业久盛不衰。[②]

“叶受和生产的糕点原来均属苏式。在光绪二十一年（1895年）后，叶鸿年聘用鸣鹤场人洪品章、陈葆初为第二任、第三任经理，他们把宁式糕点特色融入苏式糕点，获得成功，终于与‘稻香村’齐名。”[③]

据《苏州市志》记载，“叶受和”的创立，还有一个故事。叶氏本系富绅，一日，他游玩至苏州，在观前街玉楼春茶室品茗，至稻香村买糕充饥，遭店伙计冷落，并口出恶言：“除非自己开店，方可称心。”叶某一气之下，出资5000两纹银，果真在稻香村隔壁开了“叶受和”，以“和气生财”为宗旨，坚持童叟无欺，在苏城名声渐起。

① 张如安.宁波历代饮食诗歌选注[M].杭州：浙江大学出版社，2014：48.
② 宁波市政协文史委.宁波帮研究[M].北京：中国文史出版社，2004：110.
③ 莫非，樵风.闲话观海卫[M].沈阳：沈阳出版社，2011：217.

■ 叶受和观前街店（图片来源：苏州微生活）

“为与稻香村争高低，叶受和在店堂陈设上下了一番功夫。他们用铜皮包裹柜台，比稻香村的石柜台更富丽堂皇。民国十八年翻造成三层楼房，特塑‘丹凤’商标，图案为两只凤凰口衔稻穗（稻香村商标有稻穗）、足踏荸荠（野荸荠为著名茶食店），可见同业竞争激烈之状。民国十九年，叶受和在景德路设分店。民国二十三年国货商场（今人民商场）开业后，叶受和又在商场内设专柜，声誉已与稻香村相提并论。”①

1956年公私合营后，叶受和又创出“开口笑”等新品种。1966年后，叶受和更名为东方红茶食糖果店，工场撤销并入糕点厂。1986年恢复“叶受和”老字号，并扩大工场，称叶受和糕点厂。

“叶受和”名品有小方糕、云片糕、四色片糕（玫瑰、杏仁、松花、苔菜）、婴儿代乳糕、豆酥糖、芙蓉酥等。

（2）苏州黄天源糕团店

据中华人民共和国成立初期苏南区工商联调查和《吴县糕团业会员名册》记载，黄天源糕团店起始于清代道光六年（1826年）。当时慈溪人黄启庭在苏州东中市都亭桥堍设一粽子摊，经过几年经营后开设黄天源糕团铺。该铺供应品种渐次增加，有五色汤团、挂粉汤团、咸味粢饭糕、咸味猪油糕、黄松糕、灰汤粽、糖油山芋等。

“黄启庭父子去世后，黄天源糕团铺生意每况愈下，于1874年盘与顾桂林，盘价银洋1000元。顾氏接业后，生意渐好……1956年公私合营时，并进天源利和冯秉记两家糕团店，不断创新花色品种，按时令习俗供应不同品种的糕点，成为苏州名店。1982年9月，黄天源糕团店翻建生产间，造价23.4万元，1983年11月翻建营业大楼，造价11万元，在观前街和玄妙观东脚门，设有两个堂口。1985年营业额达97.9万元。”②

① 苏州市地方志编纂委员会.苏州市志：第二册[M].南京：江苏人民出版社，1995：826.
② 金普森，孙善根.宁波帮大辞典[M].宁波：宁波大学出版社，2001：218.

（3）苏州孙春阳南货铺

孙春阳南货铺创办于明代万历年间。创始人孙春阳原为宁波读书人，后弃文从商，在苏州开了卖杂货的孙春阳南货铺。铺中货物分为六房陈列："曰南货房，曰北货房，曰海货房，曰腌腊房，曰蜜饯房，曰蜡烛房。"①

《苏州府志》曰："阊门有孙春阳南货铺，天下闻名。春阳，宁波人，明万历中，甫冠，应童子试，不售，弃举子业来吴门开一小铺，其铺如州县署有六房，曰南北货房，海货房，腌腊房，酱货房，蜜饯房，蜡烛房，售者自柜上给钱，取一票自往各房发货，而总管者掌其纲，一日一小结，一年一大结，自明至今数百年，子孙尚食其利。无他姓顶代者。孙氏治商，规模宏大，井井有条。深合现今大经营之组织也。"②

（4）汉口宁波食品店遍地开花

"宁波帮在汉口经营的食品店有太康永、东生阳海味茶食号。东生阳海味茶食号店址在汉口黄陂街二十九号，该店经营肥儿奶糕，馒头水作，喜庆盆景、宁式茶食等。另外，汉口滋美食品店老板虽不是宁波人，然1945年所聘请的经理为宁波人蔡藩荣，蔡原为太康永的学徒，出师后即受聘于滋美食品店。滋美是武汉有名的生产销售西点的食品店。"③

第二节　宁式糕点在海外的传播

宁波是海上丝绸之路始发港之一，与东北亚各国的交往有着悠久的历史。早在新石器时代晚期，中国南方的稻作文化就经由从宁波出发的海上交通道路传入日本、朝鲜。隋唐时期，宁波是各国政府交往的主要道路之一，宋代明州更成为全国三大主要贸易港口之一。北宋起中央政府的主要交通枢纽是通过登州道转移到宁波道的。南宋起宁波更成为南宋与高丽、日本的唯一港口通道。元、明、清时宁波也是对朝鲜和日本的重要港口。

从目前掌握的材料看，宁式糕点在海外的影响主要体现在在东北亚、东南亚的传播。唐代，宁波的年糕已经传入日本；宋元时期，馒头的制作由明州

---

① 王刚.随园食单[M].南京：江苏凤凰文艺出版社，2015：265.
② 王孝通.中国商业史[M].北京：中国文史出版社，2015：157.
③ 宁波市政协文史委员会.汉口宁波帮[M].北京：中国文史出版社，2009：214.

的林净因传到日本；近代，三北糕点由旅日华人传入日本与东南亚。

一、古代至近代馒头等糕点东传

1、唐代，年糕随“唐菓子”传入日本

在唐代，随着中日、中韩交往密切，许多中国的点心也随着人员传到了日本、朝鲜半岛。

韩国学者洪夏祥认为：“在中国唐朝时期，传到朝鲜半岛的点心文化再传到了日本。饼和糕第一次出现在日本历史书中是公元848年的事情。当时，日本的明仁天皇为了防治疾病和祈祷健康在6月16日把饼和糕供奉给了神。”①

日本学者山本巴水认为：“奈良晚期，从中国传入了在米粉内加入胡椒、山椒、肉桂、丁香等香辣调味料，然后用油炸成的干点心制作方法。应该说那时起我们学会了做唐朝糕点。”“当时的日本是中国大陆唐朝文化的皈依时代，所以这些新的食品加工方法也随之在一般民众中深受欢迎。”②

于是日本人把从中国传过去的点心叫作“唐菓子”。日本人的祭祀、飨宴都少不了唐菓子。

据说当时传入日本的有八种干点心和十四种糕点心。

有学者认为，此时期，明州的传统食品——年糕也已传到了日本。

日本作者安迪在《一味千秋：日本茶道的源与流》一书中提到：“中国宁波的传统食品年糕（用黏米面做的切糕）在古代日本的唐菓子记载中可以见到。古代的宁波称为明州，是与日本海上来往最频繁的港城。禅宗古刹天童寺、阿育王寺自古一直是中日佛教交流的重要场所。许多民间的生活习俗也随着佛教交流传入日本。”③

2、宋、元，馒头东传日本

馒头由中国东传至日本，在日本是公认的。如1713年出版的日本学者村田古道著的《南都名产文集》之“馒头”条：日本奈良馒头为“中华林和靖末裔林净因所创制”。此后，日本学者青木正儿在《中华名物考》《唐风十题》之“馒头”篇中有更清晰的考述。

① 洪夏祥.百年银座名店的经营之道[M].金时强，译.北京：中国铁道出版社，2013：32.
② 山本巴水.お菓子の調べ[R].企业内部资料，2019.
③ 安迪.一味千秋：日本茶道的源与流[M].北京：新华出版社，2015：146.

关于馒头的做法传到日本的由来，据说是京都建仁寺第二世龙山禅师渡海入唐土之际，带回了一个名叫林净因的馒头师傅，于是，馒头就在日本流行了起来。这是元代顺宗至正元年（1341年）的事。

也就是说馒头最初是宋代中国人林净因传到日本的，因为开始他是在奈良做的，所以便叫“奈良馒头”。直到今天，林净因作为日本包馅糕点的创始人，仍受到奈良包馅糕点业人士的祭奠。[①]

■《お菓子の調べ》(《日本糕点的探究》)书内插图

日本学者山本巴水在《お菓子の調べ》(《日本糕点的探究》)中提到：“史书记载：在大照国师龙山德见高僧圆寂后的第二年延元四年，林净因留下妻子归国了，直至去世。之后遗族们继承其遗志，持续经营着面向宫内的馒头业。且说现在最有名的称‘塩瀬馒头’的元祖就是‘奈良馒头’。而‘奈良馒头’是当时林净因住在奈良而得名的。‘塩瀬’之名是林净因在归化日本国时起的姓氏，又据说‘塩瀬’是林净因取自家乡的地名。”[②]

归纳各类材料，可以确定，林净因为现奉化黄贤村人，是北宋著名隐逸诗人林和靖的后裔。

当时日本有个名僧龙山德见，少年时就来宁波天童寺取经学习，在中国生活了40多年，元至正十年（1350年）归国，林净因是他的俗家弟子，不忍年过七十的师傅独行，陪同他一起东渡日本，居住在奈良。

---

① 赵志远，刘华明.中华辞海：第四册[M].北京：印刷工业出版社，2001：4271；木宫泰彦.中日交通史[M]. 陈捷，译.贵阳：贵州大学出版社，2014：229.

② 山本巴水.お菓子の調べ[R].企业内部资料，2019.

日本当时是室町时代初期，幕府将军很尊崇取经归来的龙山德见，让他担任京都建仁寺的住持。林净因则为了给僧人改善伙食，制作出了一种日本人从没见识过的新式点心。

■ 林净因肖像画与塩濑馒头招牌（资料图片）

林净因的后裔川岛英子说：“林净因以其在中国学会之馒头手艺，进行改良，不用肉及菜馅，而改为适合日本风土之小豆馅，在馒头上描一粉红色之林字，广为销售，是日本馒头之开始。”[①]

这种豆馅甜馒头得到僧人们的一致好评，渐渐被宫廷贵族所喜爱。

林净因把馒头献给了当时的后村上天皇，天皇大喜，赐了一个宫女给他做妻子，生了两男两女。林净因结婚时，制作了大量红色和白色的双色馒头，广赠邻里。此举深深影响了日本人，一直到今天，日本人在婚礼上还有送红、白馒头的风俗。

在日本生活了八年后，其师傅龙山德见去世，勾起了林净因无穷的思乡之情，1359年，他孤身返回祖国，从此不归。

据日本当地史料记载，丈夫离去后，他的妻儿无奈，“遂以净因归国之日为命日，设供养，而以馒头作为传家之业，广为销售，世人称为馒头屋”。

日语中的“命日”就是忌日，看来，他的妻子已经预料丈夫一去不返。

好在，他给后代留下了“日本第一”的传家之业。全日本独此一家馒头店，风味绝佳，幕府将军足利义政为其亲笔写下了“日本第一番本馒头所林氏塩濑”的招牌。此后，林净因的后代发扬祖业，曾回到中国再次学习点心制作方法，再次改良了工艺，回日本后，在京都开设的馒头店号称“塩濑”（以曾经的居住地为名），生意兴隆，一度成为皇家御用食品，传至今天，“塩濑总本家”已经是34代，仍然是日本最有人气的“和果子”。（“和果子”为日本传统制作方法的点心，区别于西洋的“洋果子”。）

对于日本点心业的开山鼻祖林净因，日本人不敢或忘，尊其为神。

---

① 林正秋.浙江历史文化研究[M]. 北京：中国文史出版社，2006.

1.“馒头神社”——“林神社”（资料图片）
2. 日本馒头始祖林净因34代后人川岛英子到黄贤村寻根，带来了各种日本馒头
3. 黄贤村馒头馆（图片来源：黄贤村馒头馆）

日本的奈良有一座汉国神社，汉国神社内有一座专门纪念林净因的“林神社”，也是日本唯一的一座“馒头神社”。

■ 藕丝糖（图片来源：文化宁波）

有观点认为：“馒头传入日本的时间应上溯到宋代，因为日僧成寻《参天台五台山记》中已多次提到馒头，且馒头的制作方法并不复杂，易于学习。据《佛源禅师语录·偈颂杂题》记载，当时日本的圆觉寺开堂斋中已用了馒头一品。”①

近代，三北茶食由旅外华侨传播国外。比如三北藕丝糖。

① 徐海荣.中国饮食史：卷四[M]. 北京：华夏出版社，1999：372.

藕丝糖不止国内名声很大，在日本和东南亚一些国家也广受欢迎。1905年，旅居日本的爱国华侨吴锦堂将三北藕丝糖选作馈赠日本天皇的礼品。日本天皇品尝后赞不绝口。不少日本商人闻讯相继到慈溪订购，三北藕丝糖从此名扬日本。

二、现当代年糕、汤团不断输出

在当代，以宁波年糕、宁波汤团为代表的宁式糕点不断输出海外，传播宁波文化，传播中国文化。

目前，宁波年糕年产量达到七万吨，在国内市场占有率达到65%以上；国外市场占有率为30%，仅次于上海。

美国、欧盟、东南亚等成为宁波年糕的海外主销地，一千克年糕在海外能卖到六美元，从而大大提高了产品附加值。

江北区慈城镇的十多家年糕厂生产十分繁忙，30多个年糕品种，已出口到欧美等十余个国家和地区，年创汇100多万美元。

以慈城“塔牌”年糕为例。“宁波市慈城塔牌食品有限公司自1982年起出口年糕到香港，已连续出口30余年。”[①]该公司出口的年糕采用慈城地区传统水磨工艺，经自然摊晾、风干后装桶，以冬季水温较低的清水浸泡贮藏，最大程度保留了年糕浸水不糊、韧而光滑、炒而不黏的传统风味特点，多年来一直深受香港消费者欢迎。

■ 香港街弄里的年糕摊
（2016年2月2日林旭飞摄于香港）

“塔牌”公司为确保原料质量，在镇上建立了3000亩水稻种植基地。该公司的年糕年出口量在1200吨左右，产品主要供应香港，并远销欧美、加拿大、东南亚。

香港的街巷里常设有年糕摊，上面特别强调“宁波水磨年糕”，价格是六条20港元，每条四港元。

自1982年起，宁波汤团也已成为浙江省向海外出口的第一个点心品种。

① 宁波市慈城塔牌年糕多年来一直深受香港消费者欢迎[EB/OL]. http://www.cqn.com.cn,（2013-02-18）.

进入21世纪后，宁波汤团进军北美市场。2016年12月12日下午，“满满一集装箱手工制作的汤圆、米馒头、酒酿圆子离开了宁波缸鸭狗食品有限公司中央厨房，开始前往加拿大里士满的旅程”[①]。他们根据出口订单的要求，为了更符合国外人群对健康饮食的诉求。适当对配方做了一些修改。比如，由于动物油脂的出口限制，缸鸭狗的糕点师们在汤圆里头拿掉了猪板油成分，对米馒头的甜度也做了微调，当然其他做法都是沿袭最传统的工艺，以此保证地道的宁波风味。缸鸭狗此次出口的食品总价值100万余元。

其他有特色的糕点也作为联结纽带输出。如“蒋家龙门千层饼产品销往中国香港、澳门地区及美国等”。[②]

① 翁云骞，赵会营，李旭东.征服北美吃货 宁波老字号汤圆缸鸭狗拿下百万外贸订单[EB/OL].[2016-12-15].http：//v.zjol.com.cn/.

② 宁波出入境检验检疫局，国家质量监督检验检疫局.中国地理标志产品大典·浙江卷五[M].北京：中国质检出版社，2018：116.

第八章 宁式糕点的非遗文化传承与创新

第一节 宁式糕点非遗名录

宁波市注重非物质文化遗产（以下简称“非遗”）的保护。经过各县市区的筛选申报，自2008年起，宁波市已经公布了五批非遗名录。名录中，以糕点为主的食品制作技艺占比很高。这说明“民以食为天”，食品类技艺的传承确实有群众基础，同时，也说明了宁式糕点制作的历史积淀及其普遍性。

一、省市级名录选介

表8-1为宁式糕点系列省市级非遗名录表。

表8-1 宁式糕点系列省市级非遗名录表

名称	命名时间	类别	申报地区	名录级别
龙凤金团制作技艺	2008 年 6 月	传统技艺	原江东区（2017 年撤并为鄞州区）	宁波市
溪口千层饼制作技艺	2008 年 6 月	传统技艺	奉化市（2017 年改区）	宁波市
糕点制作技艺（梁弄大糕）	2008 年 6 月	传统技艺	余姚市	宁波市
余姚陆埠豆酥糖制作技艺	2008 年 6 月	传统技艺	余姚市	宁波市
糕点制作技艺（象山米馒头）	2008 年 6 月	传统技艺	象山县	宁波市
慈城水磨年糕手工制作技艺	2009 年 6 月	传统技艺	江北区	浙江省
水碓年糕制作技艺	2010 年 6 月	传统技艺	余姚市	宁波市
庄市长面制作技艺	2010 年 6 月	传统技艺	镇海区	宁波市
长面制作技艺	2010 年 6 月	传统技艺	鄞州区	宁波市
宁波汤团制作技艺	2012 年 6 月	传统技艺	海曙区	浙江省

续 表

名称	命名时间	类别	申报地区	名录级别
宁式糕点制作技艺（赵大有）	2015 年 6 月	传统技艺	海曙区	宁波市
宁式糕团技艺（梅龙镇）	2015 年 6 月	传统技艺	鄞州区	宁波市
米豆腐制作技艺	2018 年 5 月	传统技艺	奉化区	宁波市
三北豆酥糖制作技艺	2018 年 5 月	传统技艺	慈溪市	宁波市
印糕版制作技艺	2018 年 5 月	传统技艺	慈溪市	宁波市
麻糍制作技艺	2018 年 5 月	传统技艺	宁海县	宁波市
王升大传统粮油加工技艺	2012 年 6 月	传统技艺	鄞州区	宁波市

注：根据《宁波非物质文化遗产网》以及各县市区政府网站以及文化馆网等整理。

（1）宁式糕团制作技艺（梅龙镇）

梅龙镇宁式糕团发挥了江南食品资源丰盛的优势，以米面为主料，运用多种技法，创造出品种繁多、各具特色的点心品种。从选料到加工、熟制，各个工序都有严格要求，形成了自己的特殊工艺，讲究甜、糯、松、滑风味。在不同季节，针对不同风尚，都有种种独特的节令小吃和应时点心。历史悠久、口感独特的梅龙镇糕团，传承江南传统糕点小吃风格。在制作工艺上采取传统的纯手工方法，用料讲究，制作精细，口味“甜而不腻，松软可口”。其中“龙凤金团”“油氽麻球”曾荣获商业部“中华名小吃”称号。

（2）龙凤金团制作技艺

宁波金团色泽金黄，个头扁圆，花印和融，馅甜味香，宁波人不论寿辰、乔迁、小孩满月、兄弟分家、敬神祭祖等，都少不了它。特别是在婚嫁礼仪中，龙凤金团是必不可少的。它包含着“金玉满堂、花团锦簇、五代见面、五世同堂、甜甜蜜蜜、团团圆圆”等民俗心态。总而言之，龙凤金团是象征团圆、表达美好祝愿的高尚礼品。

宁波最早制作龙凤金团的年代在清代顺治年间。

1910年，赵培德在茶馆中结识宁波帮糕团名师苏瑞财、陈高仁，得到他俩支持，在宁波百丈街开设第一家赵大有糕团店。

宁波龙凤金团远近闻名，生意兴隆。不过随着机械化程度的提高，手制金团技艺行将失传。

■ 龙凤金团

龙凤金团的手工制作技艺如下：

米团拌和，要领是工夫要到，米面越熟口感越滋润；摘团嵌馅，把米粉揉成条状，摘成面团，要均匀得体，个个相似，然后把馅嵌在中间，搓圆；制馅，金团内有松花馅、豆沙馅、芝麻馅等，先把原料炒熟或煨熟，捣成粉末或搅成糊状，加上香料、糖，拌匀；加印模，金团印模为一个多边形木盘，内列多个刻有花、鸟、虫、鱼各式图案的圆印模，把裹好的面团放进印模后，盖上与木盘同样大小、上有浅浅模槽的盖子，稍用力合上，即压出上有各式图案的金团。

（3）溪口千层饼制作技艺

自明代以后，浙东民间盛产咸光饼。清代同治年间，有王姓兄弟毛龙、化龙到溪口开设光饼店，生意平平。到清代光绪四年（1878年），他俩试着在饼里掺一些家乡特产海苔粉末，这种又脆又香的酥饼立即得到顾主的赏识，生意也红火起来。饼店挂出“王永顺”牌子，这就是最早的溪口千层饼。1883年，王毛龙到宁波进料，厂家把菜油错发成麻油，不料以麻油为酥油的苔菜饼更酥香，更爽口，更上乘，遂成为名燥华夏的特色民间糕点。溪口千层饼后来成了民国时期南京总统府的特色礼品，被达官贵人们誉为“天下第一饼”。改革开放以后，王氏兄弟的子孙们和在王永顺饼店工作过的师傅们纷纷重操旧业，千层饼生产再次走旺。1984年在宁波糕点评比中，溪口千层饼名列第一。

制作溪口千层饼有如下步骤：蒸粉，将优质小麦粉倒在蒸笼里用猛火蒸熟，冷却后倒入白篮里打散；制馅，将粉和苔菜粉末、白糖、生油、苏打粉放在作板上揉，使之成团；和皮，将面粉加白糖、苏打粉，揉成团；包馅擀饼，取一小团馅包在一小团皮内，用擀棒擀成长方形，并折成三折，如此反复四次再折三折，计27层；贴饼烘焙，在定型的粉饼上蘸水，两面撒上芝麻，刷上一层水，贴到热炉内壁烘焙；约三个小时后可以出炉。

（4）梁弄大糕制作技艺

梁弄大糕又叫印糕、方糕，是千年古镇梁弄镇上最具特色的传统糕点，因其制作精良，工艺独特，寓意吉祥，味香粉糯，甜而不腻，深受当地群众喜爱。

梁弄大糕是余姚梁弄一带在特定传统节日中，赠送女方亲家以表迎娶诚意的传统定礼，带有浓厚的地域民俗特征。每逢端午时节，已订婚但还未结婚的毛脚女婿必须挑大糕到丈人家去，毛脚女婿挑的大糕少则几十箱，多则上百箱。这样的风俗习惯一直延续到了现在。

■ 梁弄大糕（2017年11月10日摄于宁波食博会）

梁弄大糕的选材非常严格。大米是最关键的原料，首选单季稻米，口感会更糯；豆子选用东北产的豇豆，吃起来油润；白糖用广西白糖，做出来的豆沙馅甜而不腻。

其制作过程则包括筛粉、雕空、加馅、盖粉、加印、切糕、上蒸、脱框、加青箬等步骤。

（5）余姚陆埠豆酥糖制作技艺

豆酥糖是一种绿色环保食品，其香酥可口，老少咸宜。余姚陆埠镇传统食品豆酥糖历史悠久，以其选料讲究、做工精细、口味独特著称，被誉为宁绍地区四大糕点（陆埠豆酥糖、绍兴大香糕、奉化千层饼、三北藕酥糖）之一。

陆埠镇在清代咸丰七年（1857年）已经生产、经营豆酥糖，400多年来，豆酥糖一直是该地的主打产品，到1955年有八家专营店转入生产合作社。现在个人分散经营的有七家。目前，五星级酒店太平洋酒店将豆酥糖指定为涉外特产，每月提供豆酥糖400包左右，深受外商欢迎。

豆酥糖的主料为黄豆粉、面粉、芝麻粉，配料为饴糖。其工艺流程为：选料、磨粉、烘粉、做糕、烘干。其中做糕是把四种原料放在台板上，拌和均匀，擀成片状，然后四角折叠，折一层，擀一层，共折12层，成长条形，用夹板夹齐，再切成小块，用小包装纸包成四方。

豆酥糖要在干燥季节里制作，一般在农历八月初三到次年四月十五这段时间最宜。

由于余姚陆埠豆酥糖的主要工序为手工操作，年轻一代从业的很少，面临传承断档危险。所以2008年起，此项目已经列入余姚市“文化燎原工程”非物质文化遗产保护项目。

其中余姚陆埠永丰豆酥糖作坊有据可查的传承谱系如下。

■ 郑鹏飞夫妇在做豆酥糖
（2017年10月2日摄于余姚陆埠永丰豆酥糖作坊）

第一代：李宏海（陆埠廿七房人），同昇南货店师傅。

第二代：徐敖林（陆埠孔岙人），永丰南货店师傅，2007年12月逝世，享年93岁。

第三代：郑瑞云（余姚郑巷人），1946年2月在永丰南货店当学徒，从业时间已有60多年。

第四代：郑鹏飞（陆埠中街），郑瑞云之子，1983年8月学艺，从业27年。

（6）象山米馒头制作工艺

风味点心米馒头的历史起于南宋，是宋孝宗的恩师史浩为老娘供奉观音菩萨的特制供品。原先也是米制的糕点，因为史老太太喜欢吃供过菩萨的点心，但由于年事渐高，嚼不动硬筋筋的东西，厨师开动脑筋，将酵母拌在米粉里使其发酵后再蒸制，便成了馒头状，故称“米馒头”。史家子孙不忘祖制，每年要蒸制米馒头作祭品。从宁波迁到象山九顷、冷水潭、巴龙头等地的史家子孙不但继承了祖上的米馒头制作技艺，还保留着老祖宗的饮食习俗：每年要用米馒头到祠堂祭祖，六十岁以上的男子可以到祠堂里吃米馒头，十六岁以下的男孩可分到两只、女孩分到一只，700多年来从未间断过。象山的米馒头如海绵般柔韧、棉花般洁白，醇甜适口，冷热均可食用，多食不伤肠胃，是居家、旅游皆宜的方便食品。

米馒头的制作技艺有三部分内容。

培养酵娘：如做5千克米，先把0.5千克粳米煮成饭，冷却到28℃左右时，放入100克酵母菌（白药）拌匀，温度保持在28℃左右，24小时后，如果有香味溢出，即成酵娘。

配制和操作：米粉配制是50千克粳米和1千克糯米，加清水拌湿使米质软化，磨成粉，筛去粗粝杂质。用沸水将米粉拌匀、搓压，湿度以手指能手握成团为度；温度在28～40℃；过20小时后，在米粉已发酵时放入糖，拌匀；到24小时，发酵更高，用手压实，即可蒸制。

蒸制火候：入笼时用手把米粉搓成扁圆形，中间要留有一定空隙。先将蒸笼放入温度在70～80℃的蒸锅上，使其充分发酵，然后放入猛火锅内蒸熟。

（7）慈城水磨年糕手工制作技艺

宁波制作年糕历史悠久，至少在北宋已经有用米粉做糕的记述。其方法有两种。一种为干粉年糕，即把粳米浸透后沥干，捣或碾成粉末，再把粉蒸熟、捣密，搓成长条，压制成扁形即成；另一种为水磨年糕，即把粳米浸透后，带水磨成糊状，再沥干，蒸熟，搓成长条，压成扁形。水磨年糕的味道好，但工序复杂，一般家庭只做干粉年糕。直到清代咸丰年间，宁波慈城创建冯恒大副食店，一位姓陈的香干师傅突发奇想，把做香干的工艺运用到做年糕上，这种年糕晶莹剔透，润滑如肤，口感大不一样，从而大大提高了冯恒大的声望。2004年12月，冯恒大成功制作了长5米、宽12米、高30厘米、重2.3吨的中国之最大年糕，创下吉尼斯纪录。

制作年糕也是家庭或家族的一次聚会，每个人都有岗位：老人烧火，女人修粉，专人蒸粉，壮劳力捣粉、摘年糕团、搓年糕条，孩子压年糕印、码年糕。还有专做花色年糕的，把年糕团搓成猪头形、鱼形、元宝形等，再用剪刀剪出眼耳鼻、鳞片等，供祭祀时上供。

（8）石门水碓年糕制作技艺

年糕不仅有南北风味之别，在宁波地区，亦因各地制作的方法不同而各具特色，但普遍一致的观点是“机器年糕不如手工年糕好吃，手工年糕不如水碓年糕味美”。而余姚市陆埠镇石门村制作的水碓年糕，可说是年糕中的佼佼者。

石门村有丰富的水资源，早在300多年前的明清时期，勤劳聪明的石门山民就在落差较大的溪流上安装了水碓，最多时有72座水碓，用于舂年糕。

由于历史悠久，石门水碓年糕对每道工序都有一套严格的要求，行成了

■ 石门水碓年糕厂（2017年10月2日摄于石门）

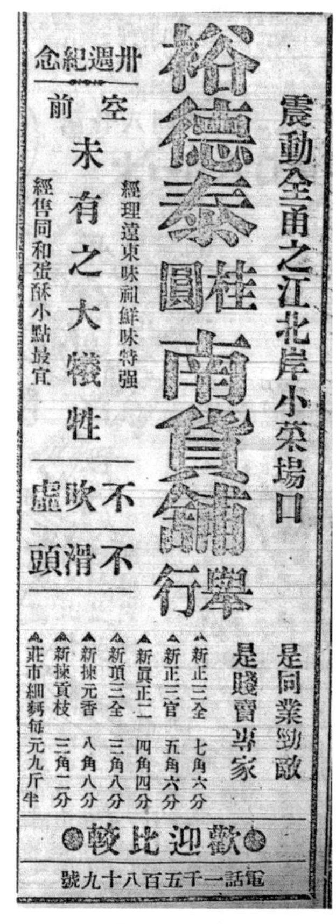

■ 1936年宁波裕德泰南货店广告中的“庄市细面”

独特的传统制作技艺，如挑选米粒，挑选水质，并且对浸泡的时间、舂捣的方法、筛粉的标准等都很有讲究，制作出来的年糕有柔韧糯软、燥而不裂、久浸不糊的特点，口感糯，不粘牙，韧而带香，是深受男女老少欢迎的时令食品。

（9）庄市长面制作技艺

在宁波许多传统特色饮食中，庄市长面（又称糖面、细面等）以其制作精细和独特的咸甜风味而远近驰名。据称这种面条在清代末年就开始在民间被产妇、体弱、老年人等特殊群体所喜爱，说是能催乳和调养身体，多数刚生育的妇女在坐月子期间需吃30～35千克。同时它也是当时民间的一道著名的风味点心。最红火时，庄市范围内的大小商店和宁波的一些大南货店里，都有这种面条售卖。随着宁波帮人士外出奋斗创业，庄市长面也被带到了上海、杭州、武汉、香港、台湾等地。当时仅在上海比较出名的庄市长面店就有“上海三阳”“邵万生”“天福”等三家老字号，店址都位于最繁华的南京路附近。

■ 缸鸭狗门店在忙碌中
（2019年元宵节摄于鄞州万达店）

庄市长面属于纯手工制作，制作过程繁杂，又十分讲究，做成的长面需经揉粉、闷缸、搓粗条、搓细条、盘缸、应筷、闷箱、上架、拉长、分区、晒面、收面、装桶等十多道大工序及数十道小工序。每次制作必须要有两天的晴好天气，所以长面作坊平均每三天才制作一次，产量有限，在正常气候的年景下，全庄市五家长面作坊年总产量只有2000 ～ 2500千克。由于其制作工艺复杂，学会至少得花几年时间，劳动强度又大，收入低，年轻人一般都不愿意学，导致目前庄市街道内还会做长面的师傅只剩下十余人，且都是六旬左右年纪，制作技艺已经后继乏人，现在买正宗的纯手工庄市长面都需要托熟人预约才能买到，急需抢救和传承。

（10）缸鸭狗汤团制作技艺

缸鸭狗汤团店由宁波汤圆的创始人江定法在1926年筹集开设。他年少时，一直在国外的货轮当学徒工，攒足积蓄便毅然回到了宁波，在开明街开了一家汤团店，用自己的小名做店名，并根据谐音在招牌上绘了一口缸、一只鸭子、一只狗作标记。他的汤团制作精细，价廉物美，味道甜美，汤团皮薄而滑，白如羊脂，油光发亮，具有香、甜、鲜、滑、糯的特点，咬开皮子，油香四溢，糯而不黏，鲜爽可口，令人称绝。人们都喜欢吃他做的汤团，生意越做越大，一时间远近闻名，生意兴隆。那时候还流传着这样的顺口溜“三点四点饿过头，猪油汤团‘缸鸭狗’，吃了铜钿还勿够，脱落衣衫当押头”，这充分说明了“缸鸭狗”汤团受欢迎之程度。

近年来，宁波采得丰餐饮管理有限公司在保持老字号传统特色的基础上推出了更多更好的迎合现代人口味的宁波十大传统名点、融合现代口味的新式小吃、特殊美食。

二、县区级名录选介

表8-2所示为宁式糕点系列县区级非遗名录表。

表8-2 宁式糕点系列县区级非遗名录表

名称	类别	申报地区	名录级别
绿豆糕制作技艺	传统技艺	丈亭镇	余姚市
耐糕制作技艺	传统技艺	陆埠镇	余姚市
乌馒头制作技艺	传统技艺	丈亭镇丈亭村 三七市镇三七市村	余姚市
年糕制作工艺	传统技艺	掌起镇	慈溪市
胡氏糖坊制作技艺	传统技艺	观海卫镇综合文化站	慈溪市
永旺斋手工糕点制作技艺	传统技艺	观海卫镇文化站	慈溪市
德和塘坊	传统技艺	长河镇文化站	慈溪市
灰汁团制作技艺	传统技艺		奉化区
米鸭蛋制作技艺	传统技艺	大堰村等	奉化区
奉化麻糍制作技艺	传统技艺		奉化区
鞋底饼制作技艺	传统技艺	萧王庙	奉化区
内糕制作技艺	传统技艺	爱歌顿农场	奉化区
木莲冻制作技艺	传统技艺	桃小胶小吃店	奉化区
灰汁团制作技艺	传统技艺	宁波玉祥泰食品有限公司	奉化区
油赞子制作技艺	传统技艺	董家花园糕饼坊	奉化区
浆板酿制技艺	传统技艺	魅源坊食品有限公司	奉化区
象山麻糍制作技艺	传统技艺		象山县
食饼筒制作技艺	传统技艺	石浦镇	象山县
石浦郑记鱼丸鱼糍面制作技艺	传统技艺	石浦镇	象山县
十二月二十四吃萝卜团	传统民俗	爵溪街道	象山县
传统年糕制作工艺	传统技艺	大碶街道、戚家山街道	北仑区

续 表

名称	类别	申报地区	名录级别
正月十四丫头羹	传统民俗		镇海区
印糕制作技艺	传统技艺	洪塘街道	江北区
番薯糕头制作技艺	传统技艺	洪塘街道	江北区
金团和青团制作	传统技艺	甬江街道	江北区
光饼制作	传统技艺	慈城镇	江北区
乌馒头制作	传统技艺	慈城镇	江北区
升阳泰宁式月饼制作技艺	传统技艺	宁波市升阳泰旅游食品厂	海曙区
赵大有传统中式糕点制作技艺	传统技艺	宁波市赵大有食品有限公司董孝子庙门市部	海曙区

注：以上为不完全统计。根据宁波非物质文化遗产网以及各县市区政府网站以及文化馆网等整理。

1. 绿豆糕制作技艺

（1）历史渊源与传承保护

祖安糕食店的历史可以追溯到“文革”以前。顾祖安的父亲在师傅处习得了做糕点的手艺，便开了一家糕点铺子。“文革”期间糕点铺子关门了。直到改革开放时，现在的老板顾祖安经和其父亲谋划后重开铺子，并用自己的名字开店，打自己的品牌。至如今，顾祖安自己做绿豆糕已有25年多了。后来他多次参加“农博会”，他做的手工绿豆糕的名气越来越响。

“绿豆糕制作技艺”2012年被选为余姚市非物质文化遗产项目，非遗传人是顾祖安。现在顾祖安想要做的，就是把手工制作绿豆糕的技艺传承下去。

（2）工艺流程与特色

祖安糕食店坚持每一块绿豆糕都纯手工打造。

在制作配料上其始终遵循传统，除绿豆、红豆、蔗糖、油这几种配料外，没有添加剂，这也导致他的绿豆糕保存周期相对较短，只能“做鲜卖鲜”。

制作绿豆糕的步骤：将金黄色的绿豆粉倒进模具，加入红豆沙，再盖上一层绿豆粉，用木棍压紧后从模具上敲打下来，一块块花纹各异的绿豆糕便成型了。绿豆糕表面的花纹多由曲直线条对称组合而成。令人叫绝的是，一套模

■模具上的36个花纹各不相同

■待上笼屉的成型绿豆糕

■顾师傅在制作中

（图片来源：2017年8月22日摄于余姚丈亭祖安糕食店）

具上的36个花纹竟然各不相同。模具是从上一辈流传下来的，总共有两套，花纹全都不一样。

已经成型的绿豆糕还需要进蒸箱高温蒸煮，20分钟后，再刷上一层香油，此时色香味俱全的手工绿豆糕才算是制作完成。

祖安绿豆糕口感松软、细腻，健康美味，在群众当中有着良好的口碑。

2. 乌馒头制作技艺

（1）历史渊源与传承保护

乌馒头最早统称馒头，因其馅在外面，也叫作盖浇馒头。

丈亭“糕老章”的乌馒头有四十年的历史了，传承下来已有四代，2008年传承人章国家62岁。

两夫妻每天早上两点多就要起床开始准备，一个好的乌馒头，发酵是关键，一步一步都要做好，大概早上五六点才能有第一锅出炉。

盛粉浆的钵头，过去是用陶制的，现在改用白铁皮制作了。乌馒头有十二个角，十分对称，

过去每只钵头底（乌馒头模子）垫上一张梧桐叶，以防乌馒头出笼时粘牢。现在改为每只铁皮模子上刷一点油水，同样能起到防粘的效果 。

乌馒头制作技艺2016年被选为余姚市非物质文化遗产项目，传承人章国家。

（2）工艺流程与特色

以1.5千克麦粉和1千克清水的比例，将麦粉和水倒入专用粉缸；放入适量酵母（视季节气温而灵活掌握）继续拌和粉浆，然后盖好盖子，任粉浆发酵；若气温在20℃左右，半小时后粉浆表面已经起泡，并高高隆起；另备糖水一盆，用勺子将糖水均匀舀入定制的乌馒头模子里，然后倒入粉浆；约15分钟后，模子里的粉浆再次起泡隆起（俗称二次发酵），这时开始上蒸。上蒸15分钟，热气冒顶，乌馒头即可出笼了。

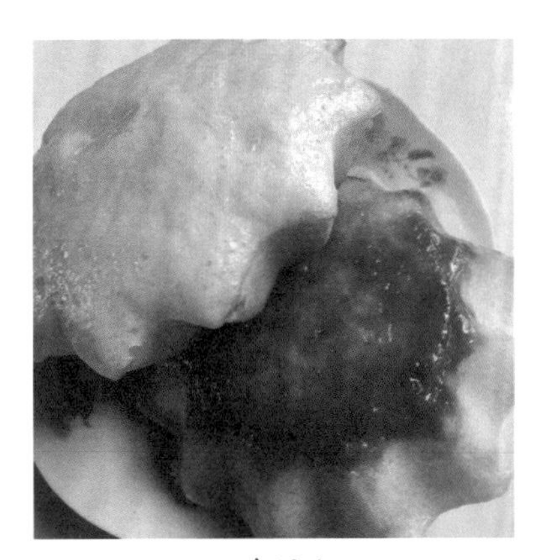

■ 乌馒头

乌馒头出笼两只一对，寓意成双作对。旧时慈溪、余姚一带还有一个习俗，“毛脚女婿”或新女婿上门时的端午礼担中，乌馒头必不可少，一般是64只，也有128只的，甚至有600只的。

糕老章的乌馒头“软、香、甜、糯、松、滑”，很受百姓欢迎。

3. 米鸭蛋制作技艺

米鸭蛋是奉化境内的一种应时糕点，由于色青、形椭圆、貌似青壳鸭蛋，故名。米鸭蛋一般在立夏前后制作、食用，立夏那天当地人人都要吃米鸭蛋。

■ 章国家夫妇（2018年摄于丈亭）

《奉化市志》习俗篇中有如下记载：“立夏吃茶叶蛋、米鸭蛋（艾团），中餐炊五色米，吃蛋、笋、豆、田螺、软菜等。据说吃蛋主（预示健康）头，笋主手脚，豆主眼目，软菜主耳朵。”[1]由此可见，立夏吃米鸭蛋之习俗在奉化境内已有相当长的历史，并一直沿袭至今。

米鸭蛋可以说是艾麻糍的延伸，所用主料也是粳米、糯米及艾叶，只是

① 市志发.奉化市志[M].北京：中华书局，1994.

■ 米鸭蛋（宝舜食品供图）

中间嵌了馅子，并搓成椭圆形而已。米鸭蛋的馅子按个人食性而定，可甜也可咸，但一般以甜馅居多。

米鸭蛋制作的基本流程：

（1）煮艾。采摘新鲜嫩艾叶若干，煮熟后用清水搓洗，洗去艾叶腥味，然后榨干、剁碎备用。

（2）制馅。馅子有甜、咸两种。甜馅子多为黄豆芝麻馅，黄豆炒熟后磨粉，芝麻炒熟后用蒸笼布包起来捣碎，然后与食糖混合。咸馅子的成分一般为猪肉、咸菜、竹笋等。如果按东部沿海先蒸熟后嵌馅之法，这些材料须煮熟。如果按西部山区先嵌馅后蒸熟之术，则不必煮熟。

（3）磨粉。取粳、糯米若干，以4：6比例混合，也可按个人口味适当调整。混合后用石磨磨细，现改为机械粉碎。

（4）修粉。在米粉中加入适量温水及少量食盐，拌匀。湿度以捏团后不松开为宜。

（5）蒸粉。将湿润的米粉以松散的状态倒入蒸桶，然后架在大镬上蒸熟。如果是少量制作，也可把湿润的米粉捏成窝头状，放在羹架上蒸熟。

（6）舂捣。将蒸熟的粉团倒入捣臼，上面撒上艾叶，用劲舂捣。舂捣需两人配合，一人舂捣，一人翻动粉团，一张一弛，直到粉团舂捣均匀、紧实为止。

（7）成型。舂捣后，东部沿海的做法是将整个粉团倒在木桶等容器内，由一至两人掐成鸭蛋大小的面团，其余人将面团摊平、放上馅子，然后包起来搓圆，再滚上松花即成。嵌馅要注意收口，收口时应将边沿捏成一个小团，然后按顺时针方向转几圈，并将其摘除，以防开裂露馅。

咸甜皆宜的米鸭蛋，或香甜可口，或美味多汁，是奉化众多风味小吃中比较有名的一种。由于其中掺入了艾叶，即使多吃几只也不会积食伤身。此外，米鸭蛋还具有清热解毒的食疗作用。

制作米鸭蛋的技艺基本为群体传承。

4. 光饼制作技艺

传说光饼系浙东民众支援民族英雄戚继光抗击倭寇时的劳军之物，中有小孔，用绳子串起来后便于行军携带。因其风味独特、酥脆可口，一直流传至今。近年来，制作工艺有所改革，从手工、瓦火甏、白炭等工艺转化为机械、烘箱等现代化操作。

手工制作工艺流程：

（1）将面粉、食盐、发酵粉搅拌均匀，加水适量用力揉搓，搓透后等待发酵。

（2）把食油掺入面粉中（比例1∶8）用力揉搓制成油酥。

（3）把发酵后的面粉搓长条状，嵌入油酥，再用力搓匀，搓匀后，摘成小团。

（4）用擀面杖把小团压成圆形，在中间打一小孔，贴在炭火燃烧的瓦火甏内壁（一次能贴三十余只）小许即熟。

5. 鞋底饼制作技艺

至少在晚清年间，鞋底饼就盛行于奉化萧王庙一带。

鞋底饼因状如小孩鞋底而得名。旧时，每逢年节，萧王庙一带的乡村集市上都有老师傅制作的鞋底饼出售，既用于食用、待客，也可作为谢年时的一种祭品，因而经久不衰。

■ 鞋底饼

鞋底饼有着油酥足、馅料多、易消化、不积食等诸多优点，故与葱油饼有明显区别。鞋底饼外状似鞋底，完全不同于一般圆饼，让人有新奇之感，产生品尝的欲望。

鞋底饼制作看似简单，其实有很强的技术性，讲究配料精确、和面用劲、擀饼均匀、火候掌控，因而需要过硬的制作技艺。鞋底饼制作技艺既有拜师形式的师徒传承，也有父子间的家族传承。但该技艺在当地濒临消失，故成系统的传承谱系资料已难梳理。目前，前葛村葛海华一家仍以家族形式传承鞋底饼制作技艺。其传承谱系为：葛芝康—葛海华—葛盛林。

萧王庙鞋底饼经葛海华一家传承与发展后，成功打入宁波、义乌、上海等地的大型商场，但随着消费结构的改变、饮食条件的改善，年轻一代嫌其制作工艺繁杂辛苦而不愿学习，鞋底饼制作在萧王庙本地也不太多见，只有少数年事已高的老师傅还在偶尔制作。[①]

6. 永旺斋手工糕点制作技艺

刘皇浩老师傅出生于1936年。他十几岁开始学做糕点，1948年，他在沈师桥永丰南货店拜师学手艺，20世纪60年代在慈溪、余姚一带食品厂当师傅，20世纪80年代开始一直到现在，在慈溪鸣鹤古镇开了一家永旺斋糕饼店。店里还保留了老式的价目表。

2018年5月永旺斋手工糕点制作技艺入选第七批慈溪市非物质文化遗产代

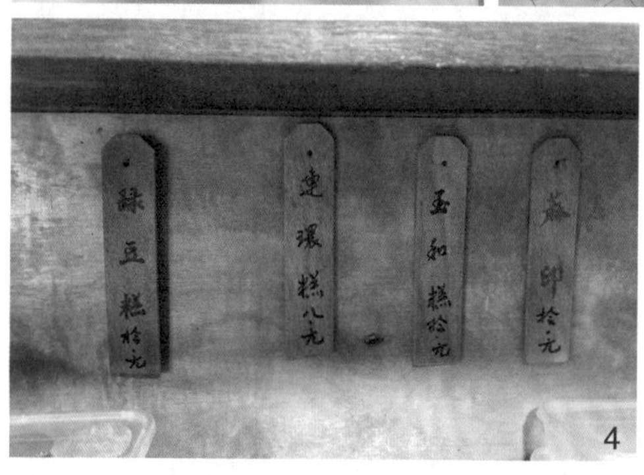

1. “永旺斋”连环糕
2. 刘皇浩师傅与儿子刘崇明
（2017年11月4日摄于慈溪鸣鹤）
3. 刘崇明师傅在制作糕点
（2017年11月4日摄于慈溪鸣鹤）
4. 永旺斋老店价目表

① 宁波市文化广电新闻出版局.甬上风华：宁波市非物质文化遗产大观·奉化卷[M]. 宁波：宁波出版社，2012：75.

表性项目名录，传承人是刘皇浩师傅的儿子刘崇明。老刘师傅希望把传统糕点的制作技艺传授给更多的年轻人，留住这股传统的“老味道”。

第二节　宁式糕点博物馆建设

一、王升大博物馆

■ 王升大博物馆（2017年11月2日摄）

■ 王升大博物馆馆长（2017年11月2日摄于王升大博物馆）

王升大博物馆坐落于鄞州高桥新庄村，原是“王升大”的生产基地，占地6000平方米，2013年8月开馆。

第一展区位于一幢仿古小楼内。

在一楼展厅进门处的米号柜台内塑着三个人物：穿着绫罗绸缎的马褂的掌柜、葛布长衫的伙计、衣衫褴褛前来购粮的穷苦人，其造型传神，还原了百年前凤岙老街王升大米号的交易场景。正厅设置有榨油坊、碾子房，展示了榨、碾等操作流程的器具。

二楼为江南传统农耕文化展示厅。展厅墙面上绘制有二十张清代《御制耕种图》，把耙

■ 作者与王升大博物馆两代传人（2017年11月2日于王升大博物馆，余赠振摄）

田、耘田、插秧等农耕流程展示在人们的眼前。展厅内陈列着筛谷用的风箱、盛谷的箩筐等各种日常农具。通过实物展示和图文说明，真实地再现了旧时浙东一带的生产习俗和农耕文化。

三楼展厅分王氏入鄞、创建“王升大”、家道中落、重振“王升大”四个部分，讲述了“王升大米号”百年兴衰的历程和光复未来的愿景。

第二展区占用部分生产楼房，以酒文化为主题。

外围建有酒魂亭、双鱼池两个景观。

2019年7月该博物馆开建提升工程。

二、赵大有宁式糕点博物馆

赵大有宁式糕点博物馆位于宁波市海曙区联丰中路499号，宁波古玩城内。博物馆主要经营藏品收藏、糕点制作、陈列展览、学术研究、非遗传承项目。博物馆收集了350余件涵盖古代、近代的藏品。博物馆由宁波市赵大有食品有限公司筹资，2017年3月经宁波市海曙区民政局批准登记成立。

■ 赵大有宁式糕点博物馆（2018年2月2日摄于宁波古玩城）

该博物馆共三层，面积有3200多平方米，展出的藏品有明清、民国期间宁式糕点制作生产工具与“赵大有”创业者的生活用品350余件。

博物馆设有八个展区，包括宁式糕点、百年老字号、钟情赵大有、赵大有故事、传承赵大有、赵大有荣誉、体验赵大有及DIY。

由于传统糕点与风俗民情有紧密的联系，为了充分体现宁波的古代人文风俗，馆内布置与民俗节庆挂钩，特制作了包含人们的出生、上学、求业、结婚、祝寿、离世等一生一世全过程的宁波风俗场景，以及宁式糕点制作全过程的场景、实物、人物模型等。通过实物场景展示和图文说明，形象地再现了古代宁波人的风俗文化。

馆内还专门开辟一个房间作为教育基地，参观者可以现场制作各类宁式糕点。

三、慈城年糕非遗陈列馆

慈城年糕非遗陈列馆由老字号“冯恒大”投资，2007年对外开放，成为慈城年糕品牌文化宣传的阵地。

陈列馆设在慈城镇城隍庙内。

陈列馆内设图片30余幅，实物约200余件，内容包括慈城年糕的起源、历史故事、工艺特性、发展脉络、现代企业发展、吉尼斯年糕制作过程、传统工器具、传统工艺体验等。几年来，陈列馆已接待游客近八万多人次，并被授予江北区“青少年学生社会实践基地”的称号，以此方式实施传承人与传承基地的实质挂钩，收到了极好的社会效益和传承效果。

第三节　宁式糕点非遗传承存在问题与对策建议

一、存在的问题

从整体上考察，宁式糕点非遗传承的现状不容乐观。

正如浙江商业技师学院的杨晓嵘所认为的，近年来，西点对传统点心造成了极大的冲击，“一些老字号企业经营压力大，有的甚至举步维艰。包括市场认可度、发展空间、销售渠道等，都是亟待解决的现实问题”[①]。作为学院派的非遗继承人，杨晓嵘对宁式糕点传承的现状深感担忧。

本研究课题组走访了一些非遗传承项目，发现了一些具体问题，主要表现在以下几个方面：

（1）部分个体作坊的生产环境堪忧。

（2）糕点的包装一般比较简陋，大多数缺少个性化。

（3）有些传统配方的特点，比如重糖、重油不能适应当前口味的变化。

（4）传承人普遍年纪在60岁以上，他们缺乏互联网知识，目前基本由其子女用互联网进行对外沟通联络。

---

① 2018年10月22日访谈于浙江商业技师学院。

二、对策建议

1. 政府加强引导与监管

政府合理引导监管，打造“名特优食品作坊”。

针对传统糕点多是手工制作，场地不大，规模较小，生产环境卫生条件较差，对食品质量缺乏系统化管理，质量也不稳定的现状，宁波市积极参与浙江省政府“打造全省500家名特优食品作坊”的民生工程，出台了《宁波市食品小作坊整治提升试点工作方案》和《宁波市打造名特优食品作坊工作方案》，以及统一管理制度、统一台账记录、统一标签规范、统一信息公示的“四统一”打造标准，推进名特优食品作坊的打造和两个作坊园区的建设，以保证传统糕点的食品安全。

市场监管局对市内现有的660家食品作坊逐一进行排查摸底，认真筛选，最终确定了74家以年糕、豆制品、长面、糕点（千层饼、麻糍、米馒头、麦糕等）等为主的名特优食品作坊名单。同时，针对奉化的溪口镇、宁海的胡陈乡这两个地方小作坊比较集中的现状，市场监管部门通过合理的引导和管理，重点打造作坊园区。

在74家宁波市名特优食品作坊中，年糕、面条、糕点类作坊占54家（见表8-3）。

表8-3　宁波市名特优食品作坊打造名单（年糕、长面、糕点类）

序号	作坊名称	地址	生产品种	备注
1	章水切面坊	海曙区章水镇朱梅村振兴西路49号	长面	
2	宁波芦蓬头食品有限公司	海曙区高桥镇岐阳村	长面	
3	宁波望春桥食品有限公司	海曙区高桥镇藕缆桥村	糕点	水塔糕
4	冯恒大	宁波江北区慈城镇民生路114号	年糕干	
5	宁波市江北慈城张记炒货加工坊	宁波市江北慈城镇王家坝村	年糕干	
6	宁波市江北家乐食品厂	宁波市江北区大通巷5号	三北豆酥糖	

续 表

序号	作坊名称	地址	生产品种	备注
7	宁波市北仑区郭巨又鸣年糕加工坊	北仑区郭巨街道福民村石前 19 号	年糕	
8	宁波市北仑水龙年糕加工坊	北仑区白峰街道下阳村虾腊西 8 号	年糕	
9	宁波市北仑区白峰虾龙年糕加工坊	北仑区白峰街道下阳村虾腊东 116 号	年糕	
10	宁波市鄞州东吴凤起年糕小作坊	鄞州区东吴镇勤勇村	水磨年糕	
11	宁波市鄞州钟公庙忆古品甜食品加工店	鄞州区钟公庙街道金家漕村（聚亿广场）	米馒头	
12	宁波市鄞州首南德利生面加工厂	鄞州区首南街道李花桥村	面条加工	
13	宁波市奉化溪口王永顺千层饼工艺研究所	宁波市奉化区溪口镇应梦路 71–79 号	千层饼	
14	奉化市溪口蒋定君千层饼店	奉化市溪口镇武岭西路 150 幢 1 号 2 号	千层饼	
15	宁波市奉化溪口素牌千层饼店	宁波市奉化区溪口镇武岭商业广场 21、22 号	千层饼	
16	宁波市奉化溪口毛龙千层饼	宁波市奉化区溪口镇武岭路 88 号	千层饼	
17	宁波市奉化溪口蒋氏千层饼	宁波市奉化区溪口镇牌门（南）路 117、119 号	千层饼	
18	宁波蜜小姐食品有限公司	奉化区溪口镇塔下村	手工糕、秋梨膏	
19	奉化市邓军面条加工店	奉化市岳林街道舒前村横里（住宅）	面条	
20	宁波市奉化尚田镇国勇糕点加工厂	宁波市奉化区尚田镇大岙村	年糕、米馒头、印糕、青团	
21	余姚市低塘徐家糖坊	宁波市余姚市低塘街道历山村徐家 77 号	糕点	

续 表

序号	作坊名称	地址	生产品种	备注
22	慈溪观海卫裘国万年糕厂	宁波市慈溪市观海卫镇鸣兴村裘家路 91 号		
23	慈溪市周巷荣仙糕饼坊	慈溪市周巷镇河西路 6 号	香糕	
24	慈溪市彭桥麻花加工厂	慈溪市横河镇彭桥村桥上河西 152 号	麻花	
25	慈溪市龙山绿翠年糕加工作坊	龙山镇田央村三北路 65–66 号	年糕	
26	慈溪市坎墩小陆面条加工作坊	慈溪市坎墩街道四塘南村二灶四塘南 149 号	粮食加工品	
27	慈溪观海卫方其中年糕厂	慈溪观海卫镇湖滨村田杨漕路 32 号	粮食加工品	
28	宁波瑞之缘食品有限公司	宁波瑞之缘食品有限公司	饼干、糕点	
29	慈溪麻姆食品有限公司	慈溪市横河镇东上河村戎家 72 号	食品加工品	
30	宁海七彩农业开发有限公司	宁海县胡陈乡黄山路 5 号	麻糍	
31	宁海县胡陈丛稳麻糍加工店	宁海县胡陈乡胡陈村 96 号	麻糍	
32	宁海县胡陈郑勤麻糍加工店	宁海县胡陈乡胡陈村 400 号	麻糍	
33	宁海县胡陈宗林麻糍加工店	宁海县胡陈乡岔路村 1 组 138 号	麻糍	
34	宁海县胡陈明甫麻糍加工店	宁海县胡陈乡胡陈村 413 号	麻糍	
35	宁海县胡陈景勤麻糍加工店	宁海县胡陈乡联胜村横山里	麻糍	
36	宁海县胡陈万兴麻糍加工店	宁海县胡陈乡胡陈村 301 号	麻糍	
37	宁海县大佳何镇马氏年糕加工厂	宁海县大佳何镇马家村 9 号	年糕、麻糍	
38	宁海县力洋康福糕点厂	宁海县力洋镇田交朱燕楼山村	糕点类	
39	宁海县甜盼三通食品厂	宁海县桃源街道新桥路 52、56 号（B 区）	饼干、糕点	
40	宁海县谷韵麻糍加工店	宁海县胡陈乡西翁村	麻糍	

续 表

序号	作坊名称	地址	生产品种	备注
41	宁海县何氏食品加工店	宁海县梅林街道河洪村 189 号 –1	面、糕点	
42	宁海县艺玮食品有限公司	宁海县西店镇望海村	洋糕	
43	象山芳记食品有限公司	象山县墙头镇墙头村海潮路 2 号	糕点	
44	象山东陈李妈妈馒头加工坊	象山县东陈乡东陈村曹家新区 388 号	馒头	
45	象山定塘姣莲食品店	象山县定塘镇英山村 117 号	麦糕	
46	象山定塘全家福食品店	象山县定塘镇漕港村漕前 137 号	麦糕	
47	象山定塘五姐妹食品店	象山县定塘镇中站村 205 号	麦糕	
48	象山彰闻粮食制品小作坊	象山县爵溪街道北塘工业区车站东首	米面、年糕	
49	象山陈记面厂	象山县爵溪街道北塘工业区车站东首	米面	
50	象山石浦冬根年糕厂	象山县石浦镇五新村汝溪（三家村小学）	年糕	
51	象山高塘禾丰年糕厂	象山县高塘岛乡江北村 48 号	年糕	
52	象山高塘三五俞家食品厂	象山县高塘岛乡三五村	米面、年糕	
53	象山丹东红鑫糕点小作坊	象山县丹东街道汇兴路 12 号	糕点	
54	象山鲍记食品小作坊	象山县丹东街道步峰路 35 号	年糕	

在慈城张记炒货坊，笔者看到，坊内张贴着《宁波市食品小作坊日常监督检查表》，监管部门分别从工商登记、加工场所、从业人员、进货检验、添加剂管理、标签、产品检验、不合格处置等几个方面进行日常检查，检查要求非常详尽，比如："进货检验"项目，要求"有原辅料、添加剂、包装材料、洗涤消毒物品等进货查验记录，有食品生产和销售台账，且保存不少于两年"；"产品检验"项目，要求"有不定期的产品自行检验或者委托检验报告"；等等。

在有力的监管下，小作坊整体有了显著的改观。

“在溪口镇千层饼名特优作坊园区，改造后的糕饼小作坊环境敞亮卫生，原料及工具存放井然有序，生产加工功能区统一按照信息公示、文化展示、透明加工、现场销售等四个区域进行布局。过去的‘脏乱差’已然不复存在。

宁海则成立了全城首个麻糍同业联盟，以‘企业+小作坊’发展模式，依托龙头企业平台进行统收统售，集中检验，建立信息共享、风险同担的机制。”①

2. 改革优化，提升品质

除了参与名特优食品作坊的打造，其他非遗传承基地也应全方位改变与提高，重点应在“改善环境”“改良配方”“改进包装”“提高互联网应用水平”上下功夫。

（1）改进生产环境

要改进生产环境，对环境卫生加强指导与监管。

（2）优化传统糕点配方

严格配料是宁式糕点工人长期实践经验的总结。然而，随着时代的变迁、风俗习惯的变化以及人们口味的变化，有必要对传统糕点配方进行重新审视，对优秀的适合现代人口味的配方应予保留，对于异化的配方应进行调整优化，尤其是应将重油、重糖的配方，改为轻油、轻糖或改用更加健康的原料，使之更符合现代人的健康需求。

（3）改进包装

第一尝试个性化包装。

包装设计应努力做到个性化：一是，包装形式个性化，根据产品的特点采取恰当的包装，如容易吸潮变软的松脆性糕点可以采取单个包装；造型美观的产品可以采用开天窗，或透明塑料袋包装。二是包装图案色彩个性化，具有浓郁的风格和地方色彩的糕点，可设计特有的包装，少用通用包装。

第二研发延长保质期的包装。

经调研观察，一些糕点产品，包装太简单，使得储存时间短、携带与运输不便利。研发能延长保质期的包装，既可以提高经济效益，又可以提高产品

---

① 吴佳蔚.宁波打造70家名特优食品作坊 传统糕点更安全[EB/OL]. http://www.zjol.com.cn，（2018-08-14）.

的档次。在包装上还应有营养成分表。

（4）培养年轻的传承人员

年纪较大的传承人因缺乏互联网知识，不善于利用信息媒体，不利于产品的推广，从而影响非遗文化的宣传。需要对他们加强辅导，有条件的话进行一定的培训。同时要积极引导年轻人对传统糕点的兴趣，并给予一定的奖励或补贴，培养年轻的传承人员。

第四节　宁式糕点的传承创新与实践探索

一、老字号开新篇

1.“王升大”推出米食节

宁波王升大食品有限公司致力于宁式糕点的传播与弘扬，为传承非遗文化积极开展王升大米食节活动。

自2016年2月16日起，“王升大”推出米食节，除了展示其独特的粮油加工技艺这项非物质文化遗产，弘扬宁波的稻作和米食文化以外，“还在每月选择一种时令米食糕点，开展现场制作和推广，分别是：正月元宵裹汤团，二月上学状元糕，三月清明做青金团，四月立夏做粉蛋，五月端午裹粽子，六月消暑水塔糕，七月早稻上市灰汁团，八月中秋太婆月饼，九月重阳黄软糕，十月小阳春做印糕，十一月冬至浆板汤果，十二月搡搡年糕”[①]。同时配以月令花卉美术作品，加以渲染。

2017年，“王升大米食文化传承项目”获评宁波市微课程重点项目，“王升大米食文化传承体验基地”入选浙江省第二批市民终身学习体验基地，“王升大传统米食节”荣获宁波市旅游节社会办节二等奖。

2018年4月29日，王升大博物馆荣获“庆祝中国改革开放40周年·时代楷模第16届中国最具社会责任感企业”光荣称号。[②]

① 楼世宇.老字号“王升大”启动米食节[N].东南商报，2016-02-17.

② 海曙旅游企业王升大博物馆获评全国大奖[EB/OL]. http://www.nbtravel.gov.cn，（2018-04-30）.

2.“升阳泰”的坚守与创新

2006年，宁波市有八家企业参评商务部的首批中华老字号，仅有“升阳泰”和“楼茂记”入围。在宁波档案馆收藏的早期宁波商户注册商标中，有一张来自1946年的糕点礼盒包装，虽然时隔半个世纪，画面上鲜艳的色彩和栩栩如生的公鸡报鸣造型依然十分醒目。这是“升阳泰”生产的“晨鸡牌”食品，包括鸡蛋糕、白果糕、水晶月饼、苔菜月饼等众多宁式茶食。

对传统文化的挖掘整理也让这个百年老字号重新焕发生机，推出“状元糕”“平安糕”“财神糕”“吉祥糕”等带有好彩头的糕点，吸引了许多老宁波人前来购买。除此之外，它还开发了区别于传统月饼的木糖醇无糖月饼，专供糖尿病人食用。

虽然“升阳泰”的传统糕点在宁波民间有口皆碑，但在2002年之前，其实在口味上它一直留有遗憾。为此商场领导们曾走访了不少老员工，却迟迟找不到突破口。2002年，葛来潮的遗孀、99岁高龄的夏和凤老人，在临终之际把祖传的糕点制作配方和其他资料全部无偿捐献给了升阳泰商场。升阳泰商场根据老人提供的配方和资料，生产出的系列特色糕点终于在半个世纪之后回归“原味”。

3.缸鸭狗复兴金字招牌

从小吃宁波汤圆长大的宁波人陈开河，不忍缸鸭狗这块金字招牌沾满尘灰，决心让缸鸭狗重现往日辉煌。他亲自出面，拿着缸鸭狗未来的发展方案，说服了几十个和缸鸭狗一起成长的老伙计，让他们转手他们手中的股份。

2009年，浙江采得丰控股有限公司成立，正式从江定法的后人手里，接过了“缸鸭狗”这块曾经闪闪发光的金字招牌。

同年12月，缸鸭狗新店在鄞州万达广场开张。这家在现代管理体制下的全新门店，有70多种传统点心，除了宁波的传统点心如猪油汤圆、龙凤金团、水晶油包等，还增加了春卷、素烧鹅、八宝饭、牛肉面等大众美食。

猪油汤圆一直是“缸鸭狗”的镇店之宝，至今都没有变过。为了能让宁波汤圆走出宁波，昔日的“汤圆大王”“缸鸭狗”决定在2014年推出全新的速冻产品。

以传统水磨工艺制作的速冻汤圆2014年6月起进入三江、华润等连锁超市。同时，“缸鸭狗”也在2014年走出宁波，在长三角地区开设分店。至2016

1.“缸鸭狗”新产品——榴莲汤圆（2019年2月19日元宵节摄于万达缸鸭狗）
2.“缸鸭狗”新产品——玫瑰汤圆（同上）
3. 各类新品年糕（虾蜡年糕产品）

年“缸鸭狗”已在宁波、杭州等城市开出了近十家连锁店，电商也渐渐走上了轨道。

“缸鸭狗”坚持每一颗汤圆一定要用手工搓，一定要有手心的温度，而不是完全由冰冷的机器替代，尽管这会增加巨大的人工成本负担，还会拉长工时。

时代在变，口味也在变。过去宁波人吃汤圆，喜欢甜腻，可现代人讲究健康饮食，忌重油、重糖。因此，“缸鸭狗”对汤圆配方做了改良。配方改良后，“缸鸭狗”汤圆变得既健康又营养，一个20克的汤圆，5克馅料，15克皮，甜味拿捏得恰到好处。

这几年，在坚持传统的基础上，缸鸭狗突破了特殊食材固色、保鲜等难题，成功开发出紫山药汤团等多种养生新品，很受欢迎。

4. 年糕企业不断开拓新品种

这几年宁波年糕在继承传统的基础上，不断开拓新品种。

从原料来看，如今宁波年糕已开发出蔬菜系列年糕、五谷杂粮年糕、桂花糖年糕等20多个新品种，其中五谷杂粮类有玉米、黑米、血糯米年糕，此外还有绿茶年糕。

从外观及用途来看，现在宁波年糕有条装、切片、火锅年糕之分，还有真空包装、干片年糕、速冻年糕之别。干片、速冻年糕主要用于出口。

从食用来看，宁波义茂食品有限公司与一所高校合作，已开发出“方便年糕”，吃这种年糕就像吃方便面一样，只要用开水泡一下即可食用。年糕同业公会一位负责人说：方便面已是家喻户晓，我们的方便年糕也要像方便面一样在全国粮食市场上再争“一席之地”。

位于慈溪观海卫镇的宁波虹二食品有限公司开发了五谷年糕。

二、新企业传承创新

1. 日盈：提升“宁波味道”

宁波日盈食品有限公司正式成立于2007年，其生产基地在滨海经济开发区，占地面积30亩，固定资产投入累计超过6000万元，生产车间全部按照国家食品生产标准设计建造。公司共有12条各式食品生产线，年生产能力25000余吨，现有员工150余人。经过十多年的经营，公司目前已建立了2000多个直配网点，已开发了饼干、蛋卷、面包、曲奇、糕点五大系列产品，其中，苏打饼干是其龙头产品，占据此类食品的半壁江山。

总经理陈友兴有着30多年食品销售的经历。自创立日盈以来，他带领团队摸索建立了自己的销售网络。他在食品行业经营越久，越觉得宁波食品行业有一个问题：没有属于宁波的核心元素，产品缺乏走出去的竞争力。

比如，日盈团队发现宁波的糕点有一个独特现象：传统的宁波糕点往往是小弄堂、小作坊的小食品，因为是传统的纯手工制作，常常有排队求购的火爆现象，但却是“几无产品”。“好吃”却“不好看”，更不用说向外推广传播了。

一边是火爆的售卖现象，一边却是“拿不出手”的成品。

同时在与一些高端酒店的接触中，也听到酒店经营者的尴尬——有时居然回答不了客人的问题：宁波特产是什么？在哪里能买到？

怎么办？矛盾有时候就是商机。

针对这一现象，陈友兴萌发了一个设想：把小弄堂、小作坊的传统老味道通过“日盈”的品牌和平台加以整合提升，从而把地地道道的“宁波味道”传递给消费者，特别是外地来宁波的客人。于是总经理亲自带领人马，寻访民间高手，挖掘秘方，改良配方。经过一年多时间的走街串巷实地搜索，他们终于把分散在小弄小巷里的那些小食品搜罗到了日盈自己的“碗里”，打造出“宁波味道”系列糕点礼盒。礼盒中包含苔菜粉麻片、豆酥糖、拖鞋饼等六种地道的宁式糕点。

产品一经亮相，便赢得了市场的“满堂喝彩”。

“宁波味道”在保留传统糕点风味的同时，根据现代饮食习惯提升了产品的口感与品质。外包装和小包装同步，每款糕点背后对应宁波六大著名地标建筑，将美食文化与建筑文化和地方历史完美融合，同时还附有中英文对照的文字介绍。专家认为，这样的“宁波味道”，才能将宁波文化传播四方。

（1）产品名称“宁波味道”释义

味道，有多重意思，如底蕴、韵味、风情。“宁波味道”不单单是留于唇齿间的口感，还有品味宁波的意思，是味道，更是感觉。该产品体现的是历史、民风、传承等宁波文化。

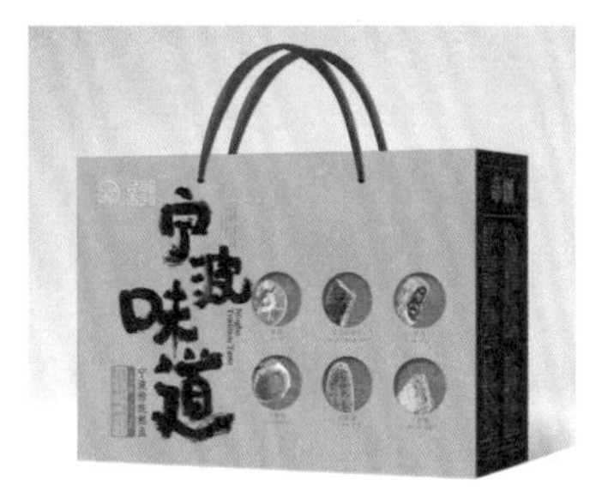

■“宁波味道”外包装

（2）为什么选这几个产品

日盈产品“宁波味道”系列糕点礼盒中有豆酥糖、拖鞋饼、桃酥、蛋黄酥、苔菜粉麻片、酥饼，共六个品种。选择“6”，是因为宁波商帮文化讲究吉祥，现代商业市场讲究彩头，六六大顺，吉祥如意。“俗”为本，“礼”先行，才是礼品开发的基石。“俗”非俗气，而是指民俗，是接地气。六个产品的挑选也甚是讲究，传统产品不能单纯从传统出发，而是要以当代人的“传统”眼光考虑，应代表“与时俱进不忘本，传统文化需创新”的思路，如果说豆酥

■拖鞋饼（宁波日盈食品有限公司供图）

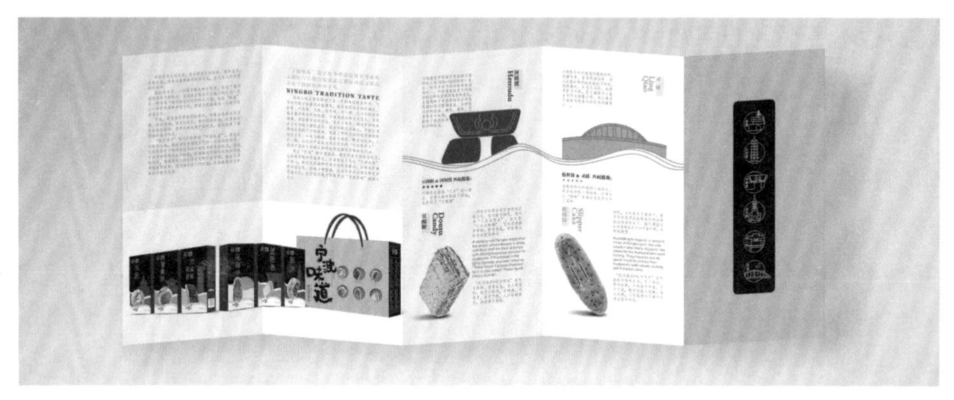

■“宁波味道”文字介绍折页

糖、拖鞋饼、酥饼、苔菜粉麻片代表了传统，那么蛋黄酥便具有当代的韵味。产品组合配比上既符合传统基础，又紧跟时代文化。“咸、甜、鲜、香，酥、脆、软、糯”四味四品、八种感觉尽在这一盒中体现，让送礼人“拿得出手”，有面子。

（3）如何延续这份“老”传统

宁波的发展日新月异，成绩斐然。而传统产品的更新似乎慢了一拍，小范围、小作坊，虽偶有爆款，但更多的老派食品已经淡出了老百姓的视野，或者局限于很小的范围，对于“新宁波人”和90后、00后来讲，更是闻所未闻。没有传承的传统不是真正意义上的“传统”。日盈认为，优秀的传统产品应该在时间的洗礼中，经过传承和再发展，被后来者接受和弘扬。如何才能做到这一点？日盈得出的经验是，传统必须“紧跟潮流”。一方面，即使时代变迁，但文化的“里子”不能丢，而另一方面，产品之外的“面子”则应该与时俱进。根据这一理念，日盈在走大街串小巷、深挖老底子传统手艺的基础上，经过多次的调试与升级，在保留了传统产品味道精髓的同时，进行了极大的现代提升，使得“色”更美，“香”诱人。以此方向为引领，日盈找到了实现宁波食品提升的独特路径。日盈人深信，经过这样的匠心再创作，宁波食品才能以“宁波味道”走得更远走，走得更久。这才是宁波食品的责任，这才是宁波人的精神面貌。

2. 荃盛：专注传统食品的工业化和自动化

浙江荃盛食品有限公司是目前国内最大的粽子和月饼生产基地，2018年销售额达到5亿元，其中月饼生产达到1000万盒，是国内月饼制造的“隐形冠军”。

■ 车间一角（浙江荃盛食品有限公司供图）

荃盛初创于2005年，2012年选址海曙区望春工业园区。在公司的发展过程中，荃盛尤其专注于传统食品的工业化和自动化。

2009年荃盛投资1500万元，改造升级了生产设备，将月饼从半手工生产跃升为全自动生产，大大提高了生产效率，从而抢占了市场，跻身国内月饼生产企业第一梯队。为了确保食品安全底线和生命线，荃盛逐年花巨资投入再生产。目前，荃盛实现了全程无尘化生产，月饼内包装车间达到基本无菌要求，使产品质量从源头得到控制。

经过十余年的发展，目前荃盛在宁波、嘉兴拥有三大生产基地，同时拥有GMP药品制造级标准的7个生产车间、29条全自动流水线，拥有华东最大的馅料公司。

在此够硬的硬件基础上，荃盛积极打造优秀品牌。

荃盛引进境内外名师，组建研发团队，每年推出新产品，名品“双仁豆沙月饼”入选“中华糕饼文化遗产”，“蛋黄白莲蓉月饼”获中国百家著名月饼评委会授予的“最佳传统月饼”称号，“蛋黄酥”也成为荃盛的拳头产品。

在宁波第一届城市伴手礼评选中，荃盛最新研制生产的“甬八件糕点礼盒经典款”从180件选送产品中脱颖而出，入选十强，这款包括干吃大汤圆、奉化芋头饼、奉化苔菜饼、桃花酥等八件传统糕点在内的礼盒极具宁波特色。

■ 新品——炭黑斑斓翡翠蛋黄酥（浙江荃盛食品有限公司供图）

3. “雨石”“两改一开发”

宁波雨石食品有限公司是一家生产宁波传统糕点的规模企业。2016年该公司迁址海曙高桥工业区，有厂房面积1300多平方米，员工20名。

经理葛东明与妻子陈红都是60后，是地道的宁波人，父辈有从事糕点制作的经历。夫妻俩既有文化的积淀，又有对新事物的快速接受能力以及钻研的能力，并且极具热爱老宁波传统糕点的情怀。

在短短的几年里，他们不断探索，企业势头越来越好。其探索的方方面面，可以归纳为“两改一开发”。

“两改”，一是改工艺，在新配料、新口味上下功夫。葛东明认为，以前，百姓没得吃，什么味道都是好的，现在，有得吃了，就要吃好味道，还要吃得健康、吃起来方便，所以，要改配料。比如，改白砂糖为麦芽糖、果糖，既改变了口味，又更健康，尤其对那些患有“富贵病”的人群，这种麦芽糖与果糖的配料是更健康的选择。

■ 改进包装的乌米饭（2018年6月11日摄）

另外，为了客户的特殊用途，他们还改变了一些原料配比。比如，传统意义上的米馒头都用大米做原料，其颜色都是白的，用于婚庆就不太理想，于是他们改为小米粉，这样，做出来的米馒头，颜色上嫩黄嫩黄的，既保留了原来“发”的象征意义，又更能烘托喜庆的氛围。改良后的产品大受欢迎。

■ 各色骰子糕（也称汤果糕）（雨石公司供图）

同时他们还改进传统工艺，使新产品更加符合现代人的生活节奏。比如，他们改进的一款“小方糍”，克服了其他麻糍三天就发硬的缺点，三天以后还是软乎的，这样，不开伙的年轻上班族就方便了很多，适应了当今人们快节奏的生活方式。

又比如，传统水潟糕只发酵一次，雨石尝试发酵12次，通过破坏排列，使得水潟糕有了韧性，吃起来有Q弹感，贴近年轻人的口感。

二是改包装，主要是把繁杂的包装改为简单方便的包装。比如，他们生产的即食乌米饭，只要掰开包装盒的一个角，不用勺子一类的工具就可直接食用。

同时，他们还研发了自动包装设备，大大节省了人力。另外，宁式糕点的印模常见的是传统印糕版，尤其是早前家庭作坊生产时，糕点图案比较单一。雨石充分运用电脑数码雕刻，雕刻了一些各个年龄层都喜爱的传统图案，如十二生肖，用于各类糕点。雨石有一款产品就叫作“十二生肖冰豆糕”。

另外，雨石坚持用材环保，并在如何延长保质期上下功夫。

“一开发”，即开发新产品。一类是全新品种的开发，比如“乌米汤果”就是把传统的乌米饭与传统的汤果（又名橘红糕）结合起来的全新品种。另一类是在传统基础上进行改造，比如，传统意义上的绿豆糕用料就是纯绿豆，雨石则独创了添加其他豆类的新绿豆糕，使其口味更加醇厚。同时他们在外观上用新的图案，使产品兼具观赏性。

目前，雨石的产品主要有五彩缤纷黄耐糕、三色绿豆糕、酒酿桂花水塔糕、酒酿米馒头、灰汁团、乌米饭等各类应季产品。

不断创新，是雨石的一个追求，2018年葛东明又调配了一款以芝麻为原料的新糕点。

除了“两改一开发”，雨石的经营策略定位在：基于发达的物流、信息业，线上线下并进，同时积极向外省推广。目前，“雨石”产品畅销江苏省沿海等地，尤其在盐城一地日销量已达万元以上。

4.“玉祥泰”：新盘子托起老底子美食

历史上，玉祥泰是奉化一家经营传统糕点、小吃的美食铺。创始人是清末民初的王善正。

通过销售传统美食，如今的玉祥泰也在努力宣传溪口和奉化的风土人情。

（1）开发“桃花糕”

桃花糕以绿豆粉为主料，粉色的桃花糕让人联想到三月的花海。

（2）开发玉祥糕

玉祥泰把玉米、白糖、红糖三种口味的玉祥糕都做成五瓣桃花的形状，好看又好吃。

同时他们还开发弥勒糕，祥云形状的弥勒糕成为宣传雪窦名山的伴手礼。

■ 桃花糕

附录　常年常食点心制作举例[1]

● **汤团制作步骤**

1. 糯米淘洗后，浸泡12小时左右，捞起后用水淋过，带水磨成浆，装入布袋吊起沥水，成粉团。

2. 黑芝麻晒干，炒熟，再用捣臼捣至碎屑，越细越好。现在大多用料理机研磨。

3. 猪板油去筋后，剥去外衣膜，绞碎。

4. 将生板油、白糖、黑芝麻粉揉合在一起，搓成一粒粒小团，便成馅子。

5. 水磨糯米粉加水混合成团，米粉团的湿度标准是手、盆、米粉团三不黏。掰一团米粉，搓成长条，再掰一小段，大概一厘米，捏成杯子状，杯沿尽量捏实，接着放进芝麻馅儿，收口，搓圆。

6. 把水烧开，再下汤团，用勺背轻推几下，以免汤圆粘连，待水沸腾，汤团浮起后，加一次生水，再次浮起，再加生水，反复三次，汤团即熟透。

7. 将汤团和汤水一起盛起，在碗里加一点糖和桂花，即可食用。

材料：糯米，猪油，黑芝麻，白砂糖，糖桂花。

● **状元糕制作步骤**

1. 蒸熟糯米粉。

2. 在案板上均匀地撒一层薄薄的熟糯米粉。

3. 将炒熟的芝麻粉、熟油、白砂糖、熟糯米粉拌匀，平铺到糯米粉上。

4. 用擀面杖在芝麻馅儿上来回滚压，尽量使其厚薄均匀、表面平滑。

5. 在芝麻馅儿上再撒一层糯米粉，上下两面粉薄，中间馅子厚。

6. 用平铲将米粉饼压结实。

7. 将案板上的米粉饼切成一寸见方的小块。

---

① 由王升大博物馆提供。

8. 每一块盖上“状元”红印。

材料：糯米，芝麻粉，白砂糖，等。

● 青团（麻糍、金团、雪团、粉蛋）的制作步骤

1. 采摘艾草（或苎麻、鼠曲草嫩叶），洗净。

2. 蒸熟糯米粉。

3. 烧开一锅水，将艾草（苎麻、鼠曲草）入锅，氽一下，翻瘪，捞出。

4. 将氽熟的艾草等揉入糯米粉中，制成绿色的粗坯。

5. 将粗坯放进捣臼里，反复搡捶，直到粉和草完全揉合。

6. 将搡好的粗坯拎到案板上，揪一小团在手里，搓圆压扁，裹上豆沙馅儿或芝麻馅儿或松花馅儿，再搓成圆球，即成青团生坯。

7. 蒸笼内铺上湿布，放入青团生坯，上锅，蒸约15分钟，香糯绵软的青团就可以吃了。

麻糍，不加馅儿，只将粗坯置于案板上，压平，两面撒上松花，切成正方形或者菱形即可。

金团，待蒸熟的青团稍稍冷却后，在松花上滚一下，放入模板压扁，即成。

雪团，将青团生坯沾点糯米，放到蒸笼里蒸，熟了以后，青团的一头像是下了一层雪。

粉蛋，在青团外面滚一层松花。

材料：糯米，艾草，苎麻，鼠曲草，白砂糖，芝麻，豆沙，松花。

• 黑饭（乌饭）制作步骤

1. 采摘黑饭树鲜叶。清明前后，四明山上黑饭树抽出了嫩叶，把它采下后，拣去杂质，洗净。（黑饭树又名南烛，古称染菽，属杜鹃花科常绿灌木，每年春天，人们习惯于用其鲜叶榨汁蒸黑饭，即得名。中医学上说，黑饭树叶具有益精气、强筋骨、明目、止泻等功能，新鲜黑饭树叶中所含黑色素，具有天然的抗衰老功效。）

2. 把叶子捋下来，枝丢掉，剁碎，或者直接用料理机粉碎。

3. 将捣碎的黑饭树叶倒在器皿里，用清水浸泡24个小时，等器皿里的水

呈黄绿色时，过滤备用。

4．淘洗糯米，沥干。

5．把黑饭树叶汁水倒进糯米里，浸泡十小时左右。

6．水和糯米一同入锅，和平时煮饭一样，熟了即可。

7．饭起锅后，稍微冷却，倒进捣臼里，加白糖，捣烂，然后放进盘子里压实，五小时以后，用刀划成大小相等的正方形。

主料：糯米。

配料：黑饭树叶，黄糖。

● **碱水粽制作步骤**

1．箬壳在水里泡软洗净，备用。

2．淘洗糯米，搁一勺食用碱。十斤糯米一两碱，把碱用温水化开后，和糯米一起加水浸泡，泡过的糯米有点黄色，沥干后包粽子。

3．将箬壳下部折成三角形，放入糯米，用筷子戳几下，使米粒紧实。

4．将上部的粽叶盖下来，捏住两边，将余下的叶子折向一边。

5．用细麻绳绕几圈，绑牢。

6．裹好的粽子放入冷水锅里，水里再加点碱，煮三至五个小时。

7．煮好的粽子自然冷却后，捞起，去外壳即可食用。

材料：糯米碱水，箬壳，等。

● **灰汁团制作步骤**

1．取灰汁：把早稻草烧成灰（用豆壳更佳），放置在脸盆内，倒入少量水，过滤后取汁备用。

2．浸米：把洗净的糙米放入脸盆，倒入适量的水（要漫过糙米），一般浸泡两个小时。

3．磨粉：把浸泡过的糙米捞起来用手推磨进行水磨，水磨时一边磨米一边加水。

4．搅拌：粉磨完后直接倒入锅内用文火烧，并且不断地用铲子顺时针搅拌，逐步加入红糖和灰汁水，煮到八成熟且颜色略黄时，随即出锅，趁热搓成一个个鸡蛋大小的团子。

5. 上笼：把搓好的团子放入蒸笼内蒸一个小时，蒸至一半时，锅内需加一次冷水，待颜色呈深棕色即可。

材料：糙米，灰汁，碱水，冰糖，红糖。

• 月饼制作步骤

1. 糖浆水加入食用油，彻底拌匀。

2. 再加入面粉，拌均匀，不要画圈搅拌，以防面团出筋。

3. 拌匀的面团装入保鲜袋中，静置至少一小时。

4. 分馅料，按照皮和馅2∶8的比例，将馅儿搓成小团。

5. 取一份面团，置于左手心，用右手压扁，然后放上一小团馅，让皮包裹住馅，一边转动，右手食指一边往上搓皮，直到包住大半个馅，这时右手拇指食指圈住，用虎口处收口即可。

6. 收口完毕，可以看一下哪里有露馅，可以适当捏一点皮，修补一下，然后团成圆。

7. 刷上一层猪油，撒上几粒芝麻，送进烤箱中。

8. 烤箱预热至200℃，月饼放入烤盘，约20分钟即可。

材料：面粉，豆沙，蛋黄，芝麻，糖浆，食用油（可按个人喜好调整）。

• 米馒头制作步骤

1. 做酒酿：先用糯米做一些酒酿，等酒酿成熟后，就可以开始制作米馒头了。

2. 泡米：取一些新鲜大米，一般来说是粳米。可以只用粳米，也可以是粳米和糯米按一定比例配合使用。先把米用清水淘洗三次，然后再放入清水中浸泡12小时。

3. 磨浆：把泡好的米再用清水洗一下，沥干，和酒酿拌在一起，酒酿和大米的比例大约是1∶4，接下来，将酒酿和大米的混合物水磨成浆，磨浆时，如果需要加水，就加适量温水。

4. 发酵：磨好的米浆放在一个容器里，让其自然发酵，一般经过三次发酵就会达到最佳效果。发酵时间的长短取决于温度的高低以及酒酿的用量。

5. 上锅：蒸锅里事先铺好笼布，把发酵好的米浆用勺子一勺勺舀起来，倒扣在笼布上，因为发酵好的米浆非常软，不可能用手团成馒头。

6. 蒸制：米浆全部入锅后，就可以开始点火了，不需要用大火，一直中小火慢慢地把蒸锅烧开，烧至蒸锅冒大汽时，再继续蒸七至九分钟，关火稍焖两分钟，就可以准备出锅了

材料：粳米，甜酒酿，白砂糖，水。

• 小王糕制作步骤

1. 粳米淘净，沥干，磨成米粉。

2. 将糖粉与米粉拌匀，拌时，如果米粉过分干燥，可稍加温开水，促使糖粉自融。

3. 在糖粉拌匀后，隔三小时后过筛，再用烘糕箱烘燥。火力要小，中途将米粉翻一次，在取出燥粉时，用滚筒将黏结的粉块压碎，再行过筛。

4. 将燥细粉填满糕盘，刮平揌实后，用长薄刀将糕盘内的燥粉划成四条，每条划五厘米左右宽的糕片坯。

5. 将划好的糕坯连同糕盘放入沸水锅内，隔水蒸制约40分钟，就可蒸熟取出。

6. 待糕冷却后，用薄刮刀片，按原划好的糕片痕线将其分开。

7. 将糕片依次摊平，放在粗眼铁皮盘内进烘箱烘焙至第二天，呈焦黄色，翻个面，也烘成焦黄色即成。火力不宜太大，防止烘焦。

材料：粳米，白砂糖。

• 浆板汤果制作步骤

一、搭酒酿

搭酒酿又叫搭浆板，选择上好的粳米或糯米，蒸煮成米饭，将它凉在团匾上，不断地拨动，使饭粒分散，冷却后，均匀地拌上碾碎了的甜白药，将拌好药的米饭一层层地装入瓦甑里，边装边用双手揌结实，最后在中间挖出一个孔，然后把这只瓦甑放进四周围着稻草的竹箩内，再铺好棉袄棉裤之类，形成一个浆板窝。搭浆板的关键是把握温度，几天以后，浆板窝香气四溢，就可以出窝了。

二、做酒酿圆子

1. 糯米粉加适量开水，糅成团，盖上湿布约十分钟。

2. 糯米粉揉搓成一个个小圆子。

3. 烧一锅水，打入鸡蛋。

4. 鸡蛋凝固后，放入糯米圆子。

5. 糯米圆子浮起后，放入酒酿，稍煮片刻。

6. 撒入桂花干，立刻关火。

材料：糯米粉，酒酿，鸡蛋，桂花干。

● 糯米馈制作步骤

1. 把上好的糯米用水浸泡，天热时，浸上一天一夜即可，天冷时，延长至两天两夜。

2. 把浸泡好的糯米沥干，上蒸笼蒸，旺火蒸半小时，然后倒入石捣臼中。

3. 搡馈，需要两人协作配合，一人拿着捣子捣，另一人则坐在一旁，在捣子头落下的间隙，快速用手翻弄糯米团。捣的过程至少要花20分钟，直到把糯米团里的米粒打到看不见为止。

4. 摘馈，把搡好的糯米团摘成一个个小团，然后在手里拍打揉搓。

5. 把制作好的馈整齐排列好，中间点上一点红，寓意“喜庆吉祥”，象征丰收。

民以食为天，“吃”终归是要紧的，所以，宁波人遇见熟人打招呼，先问“饭吃过了伐？”吃饱了以后，有了闲情逸致，就想着吃得好一点，或者变着花样吃。于是做起了“点心”。然后下午的三四点钟被固化了下来，成了“点心时时”。在我的记忆里，这个点心时间特别有吸引力。幼时，往往是奶奶过来帮助，把早已炖着的粥开了甏盖，于是一股米粥的香气扑鼻而来，“呲溜呲溜”，一小碗下去，“点”了心，养了神。在我的脑海里，研究宁波点心也成了我了解家乡、研究家乡的课题之一。计划中，弄完了穿的，就来搞吃的。《宁波服饰文化》《宁波草编文化》以后就是这个《宁式糕点文化》了。

小点心中蕴含着大文化。有没有可能把宁波的“点心时时”喊成“宁式下午茶”？

希望通过自己的努力，对整理宁波地方食文化，推广宁波文化有一点帮助。

查看自己藏在百度网盘中的照片，发现是从 2015 年 8 月 31 日开始进行第一个影像资料搜集的，拍的是梁弄大糕的制作。当时仅仅是路过，从 2017 年 8 月开始了集中调研。

在此感谢为调研提供帮助以及接受我们采访的朋友（以调研采访先后为序）：

余姚丈亭祖安糕点顾祖安夫妇；

古林镇文化站原工作人员龚成老师；

古林石马塘闻灰汁团店闻荣龙、林金萍夫妇；

陆埠永丰豆酥糖郑鹏飞夫妇；

高桥王升大博物馆王六宝先生；

慈溪鸣鹤刘氏糕点刘皇浩、刘崇明先生；

丈亭老章乌馒头店章国家夫妇；

宁波赵大有博物馆李学来老师；

慈城茯苓糕制作邱永国师傅；

宁波雨石食品有限公司葛东明、陈红夫妇；

浙江商业技师学院烹饪系杨晓嵘老师；

宁波食品工业协会李培鸣秘书长、范行光老师、胡涛主任；

宁波荣昌记食品厂傅德明、俞国华先生；

南塘老街管理办公室谢谦先生；

宁波大木作美芸家具有限公司黄健腾先生；

宁波东福园饭店张空先生、张丽姣女士；

宁波日盈食品有限公司陈友兴先生；

浙江荃盛食品有限公司戴东坚先生、夏可女士；

宁波义茂食品有限公司邵萍女士。

后续，许多食品企业均给予了许多帮助，在此一并谢过！

初稿完成后，市社科院陈利权院长在百忙之中抽时审读初稿，并提出了修改意见，为本书最终成稿提供了更完整的思路；宁波烹饪协会高级顾问朱惠明老师对第二稿予以肯定并提出了许多建议，同时赠送《上海糕点制法》一书，在此一并表示衷心感谢。

感谢同事茅惠伟介绍各类调研线索，林旭飞老师为书内图片拍摄花了许多功夫。感谢日本杉野服饰大学古川悠子从日本带来相关书籍，并翻译部分内容。感谢宁波市社科院以及浙江纺织服装职业技术学院的支持。感谢浙江大学出版社编辑的辛苦付出。

感谢课题组专职司机——我的先生，他真正做到了指到哪儿，开到哪儿，宁波周边的一些小镇小村，都留下了我家那辆老福克斯的车辙。然后感谢课题组的忠实粉丝——我可爱的老妈，她给了我许多鼓励，并希望课题迟一点结束，说是可以继续品尝更多的糕点。

最后，为了宁式糕点文化的发扬光大，期待各位读者的批评指正。

2020 年 5 月

于浙江纺织服装职业技术学院文化研究院